JN168721

サケの記憶

生まれた川に帰る不思議

上田 宏著

東海大学出版部

Memory in salmon: Mysteries of salmon homing to their natal stream

edited by Hiroshi UEDA
Tokai University Press, 2016
Printed in Japan
ISBN978-4-486-02115-5

カラフトマス（Pink salmon）

シロザケ（Chum salmon）

日本の 4 種類の太平洋サケ雌雄の産卵期の写真.

ベニザケ（Sockeye salmon）

サクラマス（Masu salmon）

撮影：三沢勝也氏

はじめに

北日本の河川では，毎年春に子供たちがふ化場（Hatchery）で飼育された体重1gのシロザケの稚魚を「元気に大きくなって帰ってきてね」と声をかけて放流し，秋に親魚が河川に帰ってきたことが報道される．シロザケの稚魚は，降河回遊（Downstream migration）により河川から海へと下り，過酷な環境の北太平洋において餌を求めて，オホーツク海～ベーリング海～アラスカ湾までの1万km以上にもおよぶ数年間の索餌回遊（Feeding migration）を行う．体重3～4kgに成長して生き残った数％の親魚は，夏にベーリング海で産卵回遊（Spawning migration）を開始し，秋に北日本沿岸まで来遊し，沿岸の定置網（Set net）で漁獲され重要な水産資源となっている．そして定置網で漁獲されなかった運の良い親魚が，数多くの河川から98％の精度（福澤，2016）で自分の生まれた川（母川：Natal stream）を選択して回帰（Homing）し，ウライ（サケを捕獲するため河川に設置された工作物：Weir）で捕獲され，ふ化場において人工授精（Artificial insemination）されて子孫を残して死んでゆく．

北半球に住んでいた太古の人々は，秋になるとサケが河川を遡上してくるのを知っており，その産卵場（Spawning ground）の近くに住居をつくり，秋から冬の重要な食糧として利用していたと想像される．サケが母川に回帰するのを世界で最初に記載したのは，1653年に英国の作家Izaak WaltonがThe Complete Anglerという本に，「大西洋サケ幼魚にリボンタグを装着して河川に放流し，6か月後に同じ河川にリボンタグを装着されたサケが回帰した」であると言われている．日本では，1712年の和漢三才図絵にサケが母川に回帰することが記載されているのが最初である．また，1763年に村上藩（現新潟県村上市）の青砥武平治が，三面川に分流を設けてシロザケが産卵するために生まれた川に帰る習性を利用して「種川の制」を実施したと言われている．その後もサケの母川回帰に関する多くの実験が行われたが，なぜどのような感覚機能を用いて回帰するかは謎のままであった．1951 年に米国ウイスコンシン大学の Author Hasler 博士と Warren Wisby 氏が，コイ科魚類の Bluntnose minnow（*Hyborbynchus notatu*）およびサケ（種類は記載されていない）を用いて母川水を嗅ぎ分けられることを水槽実験により科学的に報告した（Hasler & Wisby, 1951）．さらに，1954 年に米国ワシントン州のイサック川のふ化場に回帰したギンザケを用いて，ワセリン付きの綿を嗅房（Olfactory rosette）に詰めて嗅覚（Olfaction）を妨害し，2 つの河川に分かれる下流に再放流した．嗅覚妨害された個体の約 40% がふ化場とは別の河川に遡上したことから，サケは稚魚期に刷り込まれた河川のニオイを頼りに帰ってくるという「嗅覚記銘（刷り込み）仮説：Olfactory imprinting hypothesis」を提唱した（Wisby & Hasler, 1954）．

嗅覚記銘仮説が提唱された後，欧米と日本の数多くのサケ研究者により，河川のニオイはどのような成分なのか，サケ稚幼魚は降河回遊する時にどのように河川のニオイを記銘（刷り込まれる時期が限られる臨界期「Critical period」があり，刷り込まれた記憶「Memory」が長期間保持される特殊な記憶：Imprinting）するのか，サケ親魚は大海原から生まれた国の沿岸までの産卵回遊にはどのような感覚機能を用いるのか，数多くの河川からどのように母川のニオイを思い出し（想起：Retrieval）て遡河回遊（Upstream migration）するのか，など多くの謎を解明するため欧米と日本において盛んに研究されてきた．しかし，サケ稚幼魚の降河回遊およびサケ親魚の遡河回遊は，それぞれ春と秋の数週間に限られ，稚幼魚から親魚に成長するまで数年間は待たなければならないため，多くの謎が未解明のままであった．

北海道という地の利を生かし，数多くの優れた学生・大学院生および共同研究者と一緒に大学院生時代を含めると約 40 年間，「なぜサケは母川に回帰できるのか？」と言う生物学・水産学の大きな謎の一つを解明するための研究を行ってきた．そして，サケのホルモンに関する神経内分泌学的研究，サケの嗅覚および記憶に関する感覚神経生理学的研究，およびサケの回遊行動に関する動物行動学的研究を行い，サケが母川に帰る不思議の多くの謎を解明することができた．また，解明された謎により，どうしたらサケを安定的に回帰させることが出来るかの道筋も見えてきた．この本では，多くの人が興味を持ってくれる科学的ロマンと謎に満ちた「サケの記憶：生まれた川に帰る不思議」を解明してきた研究を紹介する．

2016 年 10 月 20 日

上田　宏

目次

第1章
サケの種類と生活史

サケは世界中で最も知られ，よく食べられる魚の一つであるが，その不思議でドラマチックな生活史はよく知られていない．よくサケ「鮭」（Salmon）とマス「鱒」（Trout）はどのように違うのと聞かれる．サケ・マスの仲間は，分類学上はサケ科魚類（Salmonidae）に分類され，イトウ属（*Hucho*）・イワナ属（*Salvelinus*）・大西洋サケ属（*Salmo*）・太平洋サケ属（*Oncorhynchus*）の4属に分かれる．北日本に最も多くいたサケがシロザケだったので，それが標準和名でサケとなり，それ以外はマスの名前が付けられたと言われている．また日本語でも英語でも，サケは河川から海に下り海洋生活を行う種類，マスは河川や湖の淡水で一生を過ごす種類であることが多い．しかし，カラフトマスには淡水型（Freshwater form）は存在しないし，ブラウントラウトにはシートラウトと呼ばれる降海型（Sea-run form）が出現する．また，ノルウェーやチリなどから輸入される海中養殖されたニジマスはサーモントラウトと呼ばれる．サケ・マスの呼び方は混沌としているが，生活史などは共通する性質が多い．この本では，太平洋サケ（Pacific salmon）と大西洋サケ（Atlantic salmon）をサケとして扱い，個々の種類は和名を用いて説明する．

太平洋サケと大西洋サケ

サケは冷水性の淡水魚で，豊富な餌を求めて海に下るようになったが，海水では授精できないため，母川に高い確率で帰る母川回帰性（Homing ability）を獲得したと考えられている．太平洋サケは，スチールヘッド（Steelhead：*Oncorhynchus mykiss*：ニジマス「Rainbow trout」の降海型），サクラマス（Masu または Cherry salmon：*O. masou*），ギンザケ（Coho または Silver salmon：*O. kisutch*），マスノスケ（King または Chinook salmon：*O. tshawytscha*），ベニザケ（Sockeye または Red salmon：*O. nerka*），シロザケ（Chum または Dog salmon：*O. keta*），カラフトマス（Pink または Humpback salmon：*O. gorbuscha*）の7種類である．大西洋サケは，タイセイヨウサケ（Atlantic salmon：*Salmo salar*）とブラウントラウト（Brown trout：*S. trutta*）の 2 種類である．

太平洋サケは，スチールヘッド以外は繁殖後に死亡する一回繁殖（Semelparity）である．一方，大西洋サケには繁殖後生き残り繰り返して多回繁殖（Iteroparity）する個体（ケルト：Kelt）が出現する．スチールヘッドは，以前は大西洋サケ属に分類されていたが，現在は太平洋サケ属に分類されている．なぜスチールヘッドと大西洋サケが多回繁殖するようになったのかはよくわかっていない．一回繁殖サケと多回繁殖サケの繁殖後の生死が，どのようなメカニズムでコントロールされているかは興味深い未解明の謎である．一つの説として，大西洋と太平洋における太古の気候変動が関係していると考えている．今から約 1 万年前に終わった最終氷期（Last glacial period）は，ヨーロッパ北部全域とカナダのほぼ全域が氷床に覆われ，大西洋サケたちは繁殖のため河川に遡上する機会が減り，繁殖できる機会を増やさなければならなくなったため，繁殖後も生き残れるような個体が出現したと考えられる．一方，東アジアやアラスカの一部は標高の高いところ以外は氷床に覆われなく，太平洋サケたちには繁殖回数を増やす必要がなかったため，一回繁殖で死亡するようになったのかもしれない．

日本の太平洋サケ

日本にはカラフトマス・シロザケ・ベニザケ・サクラマスの 4 種類の太平洋サケが生息している．それらの生活史は，カラフトマス・シロザケとベニザケ・サクラマスで大きく異なる（図 1）．カラフトマスとシロザケの稚魚は全個体が降河回遊して降海し，淡水に残留する個体はいない．カラフトマスは，卵からふ化して浮上した稚魚が河川ではあまり餌をとらずに春に降海し，オホーツク海から北太平洋西側で索餌回遊して動物プランクトンやマイクロネクトン（ホッケ等の幼稚仔魚やイカ類等）を捕食し，翌年の夏に 2 年魚が産卵回遊を開始し，初秋に河川に遡上し，数週間で産卵する．シロザケは，卵からふ化して浮上した稚魚が河川で水生昆虫などを捕食し，数週～数か月後に降海し，オホーツク海

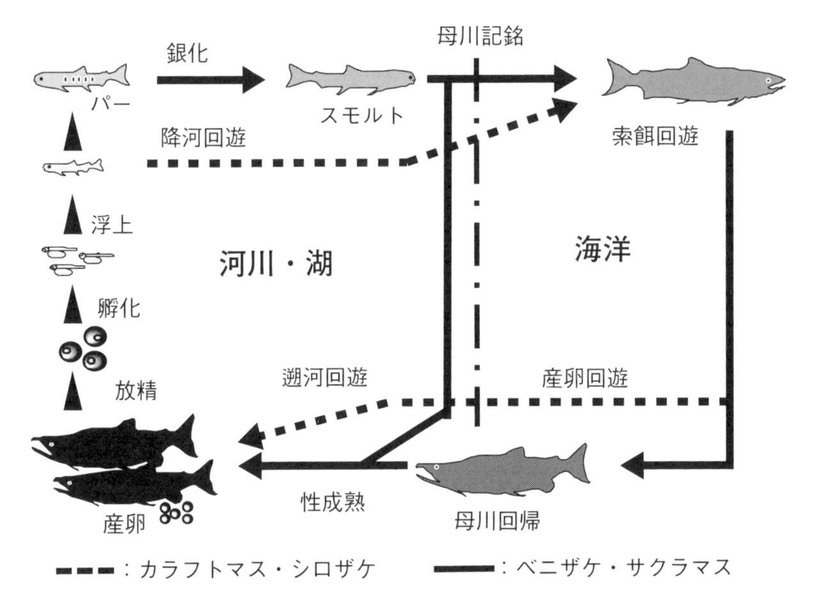

図1　日本の4種類の太平洋サケの生活史．点線：カラフトマス・シロザケ，実線：ベニザケ・サクラマス．

～ベーリング海～アラスカ湾までの索餌回遊を行い，ヨコエビ類・カイアシ類・オキアミ類・クラゲ類を捕食し，2～7年魚（平均4年魚）が夏にベーリン海において産卵回遊を開始し，秋に河川に遡上し，数週間で産卵する．

ベニザケとサクラマスの稚魚には海水適応能力（Seawater adaptability）を獲得して降海する降海型のスモルト（Smolt）および湖や河川の淡水で生活する残留型（陸封型：land-locked form）が出現する．ベニザケの生活史は他の太平洋サケに比べ多様であり，浮上した直後の稚魚が降海する個体や，1～3年間湖で生活したスモルトが春に降海する個体がいる．海洋における索餌回遊の範囲は不明であるが，甲殻類プランクトンを主に捕食する．1～4年魚が夏に河川から湖に遡上し，秋に産卵する．サクラマスには，ふ化してから1年数か月を河川で生活し水生昆虫や落下昆虫などを主に捕食し，春にスモルトが降海し，北日本沿岸を1

年間索餌回遊してイカナゴやカタクチイワシなどの魚類，オキアミ類や小型イカなどを捕食し，3年魚が春～夏に河川に遡上して，秋に産卵する．

これら4種類の太平洋サケは，カラフトマスが最も進化し，サクラマスが最も原始的な種である考えられている．遺伝子（Gene）の反復配列（Repetitive sequence）を用いた7種類の太平洋サケの系統分岐は，スチールヘッドが祖先系で，カラフトマスとシロザケが最も分岐の進んだ種であることを示している（図2A）（Murata *et al.*, 1993）．北太平洋とベーリング海における太平洋サケの個体数と海洋分布指数（Ocean distribution index：経度5度・緯度2度のグリッド中に出現した個体数）を比較すると，サクラマスの個体数が最も少なく海洋分布指数も小さく，カラフトマスの個体数が最も多く海洋分布指数も大きい（図2B）（Kaeriyama & Ueda, 1998）．サケに限らず渡りや移動などの回遊（Migration）する動物は，種の生存と繁殖のため，生息場所を移動することにより過密（Overpopulation）を防ぎ，食物や生息環境に適応し，分布域を拡大し，遺伝的多様性（Genetic diversity）を増大し，進化してきたと考えられている．サケは，繁殖のため母川に回帰するので，正確に回帰する個体のみだと，分布域を広げられず，遺伝的多様性も低下する．母川以外の河川に遡上することを迷入（Straying）と言う．日本の4種類の太平洋サケの母川回帰性は，詳しく調べられていないがサクラマスが最もが高く，カラフトマスが最も低いと言われている．カラフトマスは，河川水の選択性を多様にして迷入することにより，分布域を広げ個体数も増やすことが可能になったと考えられる．

その他の日本のサケ

ベニザケの残留型が，一生を湖で生活するヒメマス（Land-locked または Lacustrine sockeye salmon，米国では Kokanee：*O. nerka*）である．阿寒湖に生息していたヒメマスが支笏湖・洞爺湖・十和田湖・中禅寺湖・芦ノ湖・西湖・本栖湖・青木湖などに移植され，生息している．田

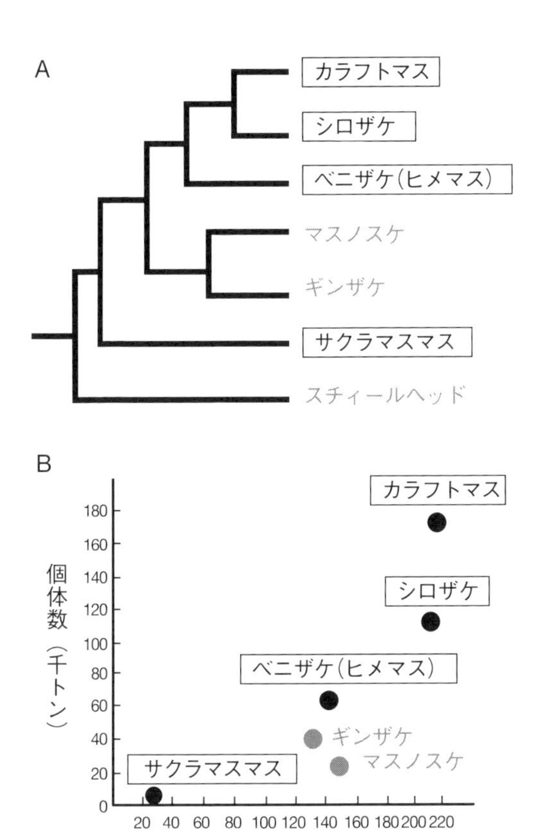

図２　A. 7 種類の太平洋サケの系統分岐．B. 6 種類の太平洋サケの個体数と海洋分布指数．

沢湖には日本固有種であるクニマス（Black kokanee：*O. kawamurae*）が生息していたが，1940 年ごろに湖水の酸性化により絶滅したと考えられてきた．しかし，1930 年代に田沢湖からクニマスが移植された西湖において，2010 年に生息しているのが確認された（Nakabo *et al.*, 2011）．

サクラマスの残留型が，一生を河川で生活するヤマメ（Cherry またはYamame trout：*O. masou*）で，北海道と東北の一部ではヤマベと呼ばれ，関東以北の太平洋側と日本海全域，および九州の一部の河川に生息している．サクラマスの亜種は，サツキマス（Red spotted masu trout またはSatsukimasu salmon：*O. masou ishikawae*），ビワマス（Biwa trout：*O. masou rhodurus*）がいる．サツキマスは，西本州太平洋側，四国，九州に生息してスモルトが降海し，1年後の4～6月に河川に遡上し，10～12月に産卵する．サツキマスの残留型がアマゴ（Amago salmon：*O. rhodurus*）で，ヤマメと分布域が分かれていたが，放流により分布域が混在し，交配による遺伝子汚染（Genetic pollution）が心配されている．琵琶湖の固有種であるビワマスは，中禅寺湖・芦ノ湖・木崎湖などに移植されている．

世界のサケ

台湾には，氷河期の生き残りの北半球の南限のサケで，サクラマスの亜種であるタイワンマス（サラマオマス：Formosan land-locked salmon：*O. masou formosanus*）が，台湾の標高1800 mの高山の河川に生息している．

サケは北半球にしか生息していなかったが，1870年代にニジマスやブラウントラウトなどがニュージーランドやチリの河川と湖に移植され定着した．さらに，1901～1907年に米国カリフォルニア州のサクラメント川のマスノスケの受精卵をニュージーランドのワイタキ川に移植したところ，幼魚が降海し，親魚が回帰して繁殖し，定着して再生産させることに成功した（McDowall, 1994）．一方，米国は1930年代にギンザケの受精卵をチリやアルゼンチンに移植し，1970年代にはギンザケのスモルト放流をチリの南部の河川で行ったが，定着しなかった（Crawford & Muir, 2008）．日本は1974～1986年に，チリにふ化場を建設し，シロザケの受精卵を輸送し，ふ化放流を試みたが，成功しなかった（国際協力事業団，1991）．南半球に移植された太平洋サケが，ニュージーランドでは定着でき，チリではできなかった原因については，ニュージーランドは島で，チリは絶壁の南アメリカ大陸であるためと考えている．その理由は，北半球と南半球では地磁気（Geomagnetism：Earth's magnetic field）や海流の渦の巻き方が反転するためである．ニュージーランドのような島であれば右回りでも左回りでも生まれた河川にたどり着けることが出来るが，南アメリカ大陸のような絶壁ならば無理である．しかし，日本がチリに提供したサケ養殖技術，および米国が行ったギンザケ放流技術が基礎になり，チリではギンザケ・タイセイヨウサケ・サーモントラウト・マスノスケなどの海面養殖が盛んに行われるようになり，ノルウェーと並び養殖サケ（Farmed salmon）を多量に生産している．

回遊魚

約3万種類の魚類の中で，回遊魚は約165種類と多くないが，生物学的に興味深い生活史を営み，水産資源として重要な種類が多い．魚類の一般的な回遊は，稚魚の生育場（Juvenile nursery area）から成体の成育場（Adult habitat）までの加入（Recruitement），成体の成育場から親魚の産卵場までの流れに逆らう移動（Contranatant），産卵後に生残る個体（Spent，大西洋サケの場合はKelt）の成体の成育場までの流れに従う移動（Denatant），稚魚の産卵場から生育場までの移動（漂流：Drift またはDenatant），に分けられ，回遊環（Migration loop）を形成する（図3）．回遊魚は，海と川を行き来する通し回遊魚（Diadromous fish）と海水または淡水のみを回遊する非通し回遊魚（Non-diadromous fish）に分類される（表1）．

通し回遊魚の生活史は，孵化・成長・産卵を河川と海洋のどちらで行うかで，降河回遊魚（Catadromous fish），遡河回遊魚（Anadromous fish），および両側回遊魚（Amphidromous fish：海水型Seawater form・淡水型）に分類される（図4）．これら通し回遊魚は地理的分布が異なり，降河回遊魚は低緯度域，遡河回遊魚は高緯度域，両側回遊魚は両者の中間域に分布する場合が多い．これは，各々の産卵場が海洋か河川かという種の起源，および緯度により異なる海洋と河川の生物生産

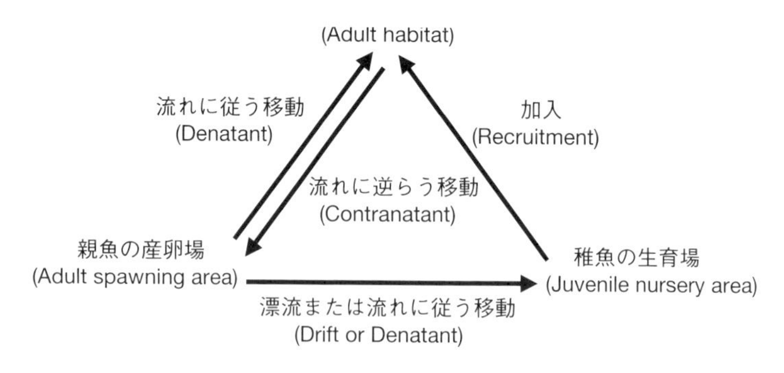

図 3 魚類の回遊環.

表 1 回遊魚の分類

通し回遊魚（Diadromous fish）
- I. 降河回遊魚（Catadromous fish）：ウナギ，アユカケ，ヤマノカミ
- II. 遡河回遊魚（Anadromous fish）
  - A. 降海型（Sea-run form）：シロザケ，カラフトマス，サクラマス，ベニザケ，オショロコマ，アメマス，イトウ，ワカサギ，シロウオ，シシャモ
  - B. 残留型（Resident form）：ヒメマス，ニジマス，ヤマメ，アマゴ，カラフトイワナ，ミヤベイワナ，エゾイワナ
- III. 両側回遊魚（Amphidromous fish）
  - A. 海水型（Seawater form）：スズキ，ヨシノボリ，カンキョウカジカ
  - B. 淡水型（Freshwater form）：アユ，ハナカジカ，ウツセミカジカ

非通し回遊魚（Non-diadromous fish）
- I. 海水回遊魚（Oceanodromous fish）
  - A. 海洋型（Sea-run form）：マグロ，カツオ，サンマ，マサバ，マイワシ，タチウオ
  - B. 沿岸型（Coastal form）：ニシン，タラ，マダイ，クサフグ，ヒラメ，ボラ
- II. 淡水回遊魚（Potamodromous fish）
  - A. 河川型（Fluvial form）：オイカワ
  - B. 湖沼型（Lacustrine form）：イサザ

力（餌の量）に起因すると考えられている．低緯度の生産力の低い海域で生まれたウナギは，低～中緯度の生産力の高い川に遡上して成長し，産卵のため降河回遊を行う．また，河川に遡上しない海ウナギも存在する．高緯度の生産力の低い河川で生まれたサケは，豊富な餌を求めて降海して高緯度の海域で成長し，遡河回遊するようになったと考えられて

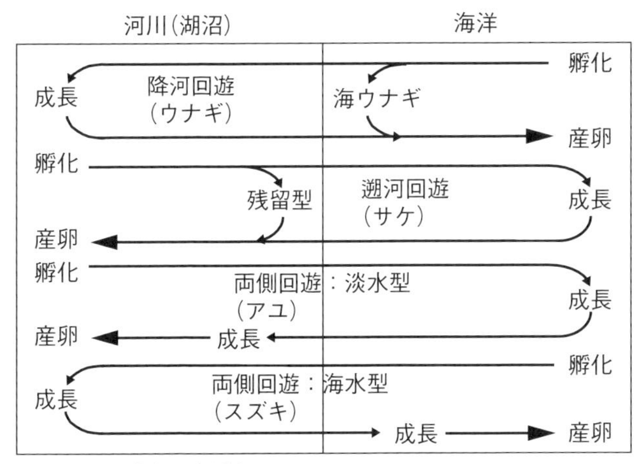

図4　通し回遊魚の生活史.

おり，残留型が存在する．また，両側回遊魚は海水型のスズキと淡水型のアユが認められるように降河回遊魚と遡河回遊魚中間型で，河川でも海洋でも成長し，分布域も両者の中間となったと考えられている．

第2章
サケのホルモン

東海大学出版部

出版案内

2016.No.3

「日本産ヒラメ・カレイ類」より

東海大学出版部

〒259 - 1292 神奈川県平塚市北金目4 - 1 - 1

Tel.0463-58-7811 Fax.0463-58-7833

http://www.press.tokai.ac.jp/

ウェブサイトでは、刊行書籍の内容紹介や目次をご覧いただけます。

血液細胞アトラス 3

末梢血、骨髄、リンパ節の形態の比較でみるリンパ系腫瘍の実践的読み方

宮地勇人　監修／東海大学医学部付属病院血液検査室　編

B5判・並製本・204頁　定価（本体6000円＋税）ISBN978-4-486-02076-9　2015.10

血液細胞アトラスシリーズの第３巻。リンパ系腫瘍について、豊富な血液細胞のデータ（カラー症例データ）を基に、血液細胞のベテラン医師と技師が解説する。これから血液細胞の形態、検査を学ぼうとする人のテキスト。

【水産総合研究センター叢書】

沿岸漁業のビジネスモデル

ビジネスモデル構築を出口とした水産研究の総合化

堀川博史　編著

A5判・並製本・216頁　定価（本体3200円＋税）ISBN978-4-486-02069-1　2015.12

本書は水産海洋学会で2014年11月開催のシンポジウム「出口に向けた水産総合研究―豊後水道域のタチウオひきなわ漁業を例として―」を再録、編集したもの。様々な分野の視点から漁船漁業の現在とこれからについてまとめる。

乱獲

漁業資源の今とこれから

レイ・ヒルボーン、ウルライク・ヒルボーン　著　市野川桃子・岡村　寛　訳

A5判・並製本・176頁　定価（本体2900円＋税）ISBN978-4-486-02080-6　2015.12

ニュースで「乱獲による漁業資源の危機」、「マグロが食卓から消える」などを目にするようになり問題意識がもたれ始めている。この問題に対し具体的にどのように解決すれば良いかを科学的裏づけと豊富な事例とともに紹介する。

ネパールに学校をつくる

協力隊OBの教育支援35年

酒井治孝　著

A5変型・並製本・154頁　定価（本体1600円＋税）ISBN978-4-486-02086-8　2015.12

著者は海外青年協力隊で1980年にネパールの国立大学で教鞭をとって以来、現在まで「学校つくり」の支援を続けている。資金集めから土地の買取、水道やトイレの設備、校舎建築工事、教員確保などの活動記録を綴る。

【フィールドの生物学⑳】

深海生物テヅルモヅルの謎を追え！

系統分類から進化を探る

岡西政典　著

B6判・並製本・324頁　定価（本体2000円＋税）ISBN978-4-486-02096-7　2016.5

クモヒトデの仲間であるテヅルモヅルを解説するわが国唯一の本。系統分類学などから世界中に分布した謎を紐解く。目次：系統分類学に出会う / テヅルモヅルを収集せよ / 海外博物館調査　他

賢治学【第３輯】

特集　越境する賢治

岩手大学宮澤賢治センター　編

A5判・並製本・274頁　定価（本体1600円+税）ISBN978-4-486-02109-4　2016.6

岩手大学宮澤賢治センターの研究成果として「賢治学」が2014年より刊行されている。今回の「第３輯」の特集は「越境する賢治」。海外における賢治文学の受容の現状と今後の可能性についての論文を掲載。

生きざまの魚類学

魚の一生を科学する

猿渡敏郎　編著

A5判・並製本・248頁　定価（本体3600円＋税）ISBN978-4-486-02058-5　2016.6

魚の一生を①卵から成魚になるまで②成魚期③産卵から死まで、の大きく３つに分けて、その生活史を紹介。目次：魚の一生を俯瞰する / 産卵の生態 / 複雑な食う食われるの関係 / マサバの産卵場 / サケ・マスの産卵床づくり　他

ワーグナーシュンポシオン2016

特集　ワーグナー――20 世紀への序奏

日本ワーグナー協会　編

A5判・並製本・172頁　定価（本体2900円＋税）ISBN978-4-486-02110-0　2016.7

わが国におけるリヒャルト・ワーグナー研究の最新の成果、国内外のワーグナー作品の上演とワーグナー文献の紹介や批評などを掲載する。2016年の特集は「ワーグナー――20世紀への序奏」。

狂気へのグラデーション

稲垣智則　著

B6判・並製本・348頁　定価（本体2400円＋税）ISBN978-4-486-02113-1　2016.7

臨床心理士でもある著者が街中で遭遇した出来事を通して、私たちの深層に潜む「狂気」と「正常」の世界などを、著名な心理学者の言葉を引用し、解説する心理学のテキスト。

はじめての古生物学

柴　正博　著

A5変判・並製本・200頁　定価（本体2300円＋税）ISBN978-4-486-02114-8　2016.7

古生物学とは地質学の一部で、私たちの住むこの地球において、過去に生きてきた生物を扱う学問である。この本では古生物と地球の歴史をもとに生物進化の過程とその要因を明らかにすることによって、現在の生物の成り立ちを歴史的に学ぶことを目的とした教科書となっている。

学名の知識とその作り方

平嶋義宏　著

A5変判・並製本・128頁　定価（本体2800円＋税）ISBN978-4-486-02100-1　2016.7

分類学を志す学生のための動物学名に関する手引書。学名のルールと基礎的知識をまとめる。目次：和名と学名 / 属名と種小名 / 造語法の基礎知識 / 命名法ドリル / 命名に役立つ古典語の知識 / 動物体の表面構造に関する用語 / 動物の体の構造に関する用語　他

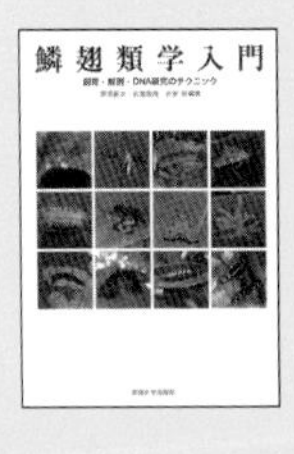

鱗翅類学入門

飼育・解剖・DNA 研究のテクニック

那須義次・広渡俊哉・吉安　裕　編著

A5判・上製本・308頁　定価（本体4800円+税）ISBN978-4-486-02111-7　2016.8

生物の多様性研究、生態学、進化学的な研究を行う上で必要な基礎的なテクニックである採集、標本作製、解剖、形態観察、ＤＮＡ研究などを鱗翅類を通してビジュアルに解説する昆虫研究の入門書。

内分泌細胞で産生されたホルモン（Hormone）は，内分泌器官より分泌され，主に血液により標的器官（Target organ）に運搬され，そのホルモンの受容体（Receptor）と特異的に結合することにより各ホルモンの作用を発現する物質である．ホルモンは，生命維持および生体機能調節にとって重要な恒常性（Homeostasis）を維持するために不可欠な情報伝達物質である．サケ稚幼魚の河川から海への降河回遊，および親魚が大海原から母川の産卵場までの母川回帰（産卵回遊と遡河回遊）には様々なホルモンが関与している．

サケ稚幼魚の降河回遊に伴う変化

サケ稚幼魚は，河川から海へ降河回遊する時に，海水適応能力を獲得する必要がある．河川生活時のサケ稚幼魚は，体表に楕円状のマークがあるパー（Parr）と呼ばれる．海水適応能力を獲得すると，このパーマークが消失し，グアニン（Guanine）やヒポキサンチン（Hypoxanthine）などが沈着して体色が銀白化してスモルトとなる．この銀化（Smoltification または Parr- Smolt Transformation：PST）には，淡水に適応するためのためプロラクチン（Prolactin），および海水に適応するため成長ホルモン（Growth hormone）・コルチゾール（Cortisol）・インシュリン様成長因子-I（Insulin-like growth factor-I：IGF-I）などが関与していることが知られている（McCormick, 2009）．またサケの銀化は，他の脊椎動物の変態（Metamorphosis）と類似した現象であると考えられている（Björnsson *et al.*, 2012）．しかし，降河回遊できなかったスモルトは銀化が消失しパーに戻り脱スモルト（Desmoltification）するので，オタマジャクシがカエルになるような変態とは異なっている．

サケ稚幼魚は降河回遊中に母川の記憶が記銘される．サケの母川記銘は，鳥類のヒナがふ化した時に動くものを親鳥として刷り込まれる現象と類似した現象であると考えられている．ふ化直後のヒヨコの脳において甲状腺ホルモンのサイロキシン（Thyroxine：T4）から転換されたトリヨードサイロニン（Triiodothyronine：T3）が，ヒヨコの刷り込みに重要であることが報告された（Yamaguchi *et al.*, 2012）．サケ稚幼魚の降河回遊に伴う母川記銘には，脳－下垂体－甲状腺（Brain-Pituitary-Thyroid：BPT）系ホルモン：脳から分泌される甲状腺刺激ホルモン放出ホルモン（Thyrotropin-releasing hormone：TRH：a と b 遺伝子が存在する），下垂体から分泌される甲状腺刺激ホルモン（Thyroid stimulating hormone：TSH：α と β サブユニットから構成される），甲状腺から分泌される甲状腺ホルモン（T3・T4）が重要な役割を演じていると考えられる．

シロザケとカラフトマスの稚魚はふ化後数か月，サクラマスとベニザケの幼魚はふ化後 1 年半後の春（3 ～ 5 月）に降河回遊を行い，この降河回遊の開始は月の満ち引きと関係があると報告されている．米国のカリフォルニア大学の Gordon Graw 博士（後ハワイ大学教授）らは，ギンザケのスモルトが 3 月の新月（New moon）の日に血中 T4 量がピークとなり，その後にスモルトが降河回遊を開始することを発見した（Grau *et al.*, 1981）．北海道大学の山内晧平先生らは，同様の現象を日本のサクラマスでも観察し，スモルトの血中 T4 量が 4 月の新月の日にピークとなり，その後に降雨があると降河回遊個体が増加することを報告した（Yamauchi *et al.*, 1985）．また，北里大学の岩田宗彦教授らは，シロザケ稚魚の血中 T4 量がふ化場から河川に放流される刺激，および降雨・濁り水・低水温などの刺激により上昇することを報告した（Iwata *et al.*, 2003）．さらに，シロザケ稚魚の血中 T4 量と降河行動に及ぼす濁り水と T4 経口投与による影響を観察したところ，濁り水は血中 T4 量を増加させ降河行動も誘発したが，T4 経口投与は血中 T4 量を増加するが降河行動は誘発しなかったことを報告した（Ojima & Iwata, 2007）．

古川直大君が，宇都宮大学の飯郷雅之教授から TRH 遺伝子の配列情報を提供してもらい，国立開発研究法人水産研究・教育機構北海道区水産研究所の千歳さけます事業所（千歳ふ化場）で人工ふ化され飼育されていたシロザケ稚魚を，千歳川に放流される前に千歳ふ化場で飼育されていた 1 ～ 4 月にサンプリングした．さらに，公益社団法人北海道栽培漁業振興公社の協力を得て，千歳川から石狩川を経て石狩湾までのシロ

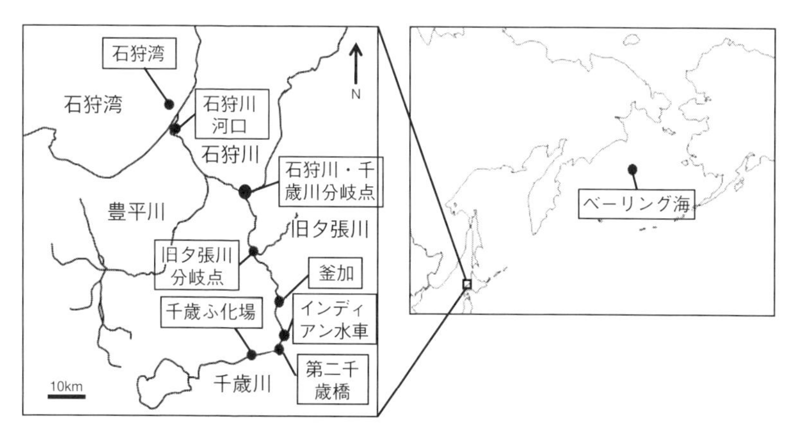

図5　シロザケ稚魚の降河回遊（千歳ふ化場～第二千歳橋～釜加～旧夕張川分岐点～石狩川河口～石狩湾）および親魚の母川回帰（ベーリング海～石狩湾～石狩川河口～石狩川・千歳川分岐点～インディアン水車～千歳ふ化場）に伴うサンプリング地点.

ザケ稚魚の降河回遊（図5）に伴うBPT系ホルモンの動態を解析した. 千歳ふ化場での稚魚の成長に伴い，全脳のTRHa遺伝子発現量は増加したが，TRHb遺伝子発現量は変化しなかった．千歳ふ化場から千歳川に放流された直後の第二千歳橋において，TRHa/b遺伝子発現量が急増した．TRHaとb遺伝子の役割の違いはよく分かっていないが，TRHaは脳の発達，TRHbは生息環境の変化に対して発現すると遺伝子であると考えられる．その後の石狩湾までの降河回遊に伴い，下垂体のTSHβサブユニット遺伝子発現量，および甲状腺のT3/T4量が増加した．シロザケ稚魚は千歳ふ化場から千歳川に放流されると，水温と水流などの生息環境の急激な変化により，降河回遊中にBPT系ホルモンが活性化されることが明らかになった（Ueda *et al.*, 2016）.

サケ親魚の母川回帰に伴う変化

サケ親魚は繁殖のため大海原から母川沿岸までの産卵回遊を行い，母川沿岸から産卵場までの遡河回遊を行い母川回帰する．このため生殖腺の成熟を調整する脳－下垂体－生殖腺（Brain-Pituitary-Gonad：BPG）系ホルモン：脳から分泌される2種類の生殖腺刺激ホルモン放出ホルモン（Gonadotropin-releasing hormone：GnRH）：サケ型（sGnRH）・ニワトリII型（cGnRH-II），下垂体から分泌される2種類の生殖腺刺激ホルモン（Gonadotropin：GTH：αとβサブユニットから構成：αサブユニットはTSHと同じ）：生殖腺発達の初期に関与する濾胞刺激ホルモン（Follicle stimulating hormone：FSH）・生殖腺発達の後期に関与する黄体形成ホルモン（Luteinizing hormone：LH），および生殖腺から分泌される4種類のステロイドホルモン：雌の卵黄形成に関与するエストラジオール-17β（Estradiol-17β：E2）・雄の精子形成に関与する11-ケトテストステロン（11-Ketotestosterone：11KT）・雌のE2と雄の11KTの前駆体であるテストステロン（Testosterone：T）・雌雄の配偶子の最終成熟に関与する17α, 20β-ディヒドロキシ-4-プレグネン-3-オン（17α, 20β-Dihydroxy-4-pregnen-3-one：DHP）が，サケの母川回帰行動に伴いどのように変化するかを調べた．

脳の3部位，嗅球（Olfactory bulb：OB）・終神経（Terminal nerve：TN）・視索前野（Preoptic area：POA），から分泌されるsGnRHは性成熟および母川回帰に重要な役割を演じていると考えられる（Amano *et al.*, 1997）．木谷倫子・神津宜久・深谷厚輔君が，北里大学の天野勝文教授からGnRHの抗原・抗体を，岩田宗彦教授・千葉洋明准教授からステロイドホルモンの抗原・抗体を提供してもらい，ベーリング海から千歳ふ化場まで回帰するシロザケの母川回帰（図5）に伴う，脳各部位のsGnRH・cGnRH-II，下垂体のFSH・LH，および生殖腺から分泌されるE2・11KT・T・DHPの分泌動態を時間分解蛍光測定法により解析した．sGnRH量のピークは，嗅球では石狩湾（雄）と石狩川河口（雌），終脳（Telencephalon）では雌雄とも石狩川・千歳川の分岐点であった．一方，cGnRH-IIは視蓋（Optic tectum）や延髄（Medulla oblongata）で石狩川・千歳川の分岐点およびインディアン水車で最高値が観察された．下垂体では石狩湾（雌）と石狩川河口（雄）でsGnRH量の最高値が観察され，LH量の最高値と呼応していた．シロザケの石狩湾から千歳ふ化場までの遡河回遊に伴う血中ステロイドホルモンの研究は，基礎生物学研究所の長濱嘉孝先生の指導を受け1981年から開始し，北海道さけ・ますふ化場の廣井　修博士および北海道大学の原　彰彦先生の協力を得て行った（Ueda *et al.*, 1984）．その後，北海道区水産研究所の浦和茂彦博士と佐藤俊平博士の協力を得て，ベーリング海におけるサンプリングも加えて解析した．ベーリング海から千歳ふ化場の産卵回遊・遡河回遊に伴い，雄の精子形成に重要な11KT，雌の卵黄形成に重要なE2，および両者の前駆体であるTの最高値が雌雄とも石狩川・千歳川の分岐点で最高となり，生殖腺の最終成熟に関与するDHPは千歳ふ化場で急増した（Ueda, 2011）．

佐藤彩子君が，支笏湖のふ化場に回帰したヒメマス親魚を，9～11月（産卵盛期は10月）に湖の中央に再放流し，ふ化場までの回帰日数と回帰率を調べたところ，雌雄差が認められた．回帰日数は，9～10月の雄は雌よりも短期間で回帰し，11月には雌雄がほぼ同じ期間であった．雄の回帰率は，9～10月は100％で，11月は50％であったのに対し，雌の回帰率は9～11月は78～90％であった．平均すると雌雄とも83％の回帰率であったが，明瞭な雌雄差が認められた．このような母川回帰しない迷入する個体が，サケの分布域を広げ，遺伝的多様性を増加させている可能性が考えられる．さらに，米国のメリーランド大学のYonathan Zohar教授からGnRHアナログ（GnRH analogue：GnRHa：GnRHの効果を強めて持続させる人工合成品）を，支笏湖の9月のヒメマス雌雄の筋中に投与したところ，雌雄とも母川回帰日数が対照群に比べて半減した（Sato *et al.*, 1997）．さらに，北海道大学理学部の北橋隆史君が同様な実験を9月と10月に行ったところ，9月では同じくヒメマス雌雄の回帰日数が半減したが，10月では対照群と差が無かった（Kitahashi *et al.*, 1998）．

工藤秀明博士（現北海道大学水産学部准教授）が，東京大学海洋研究所の兵藤　晋助手（現准教授）と浦野明央教授（後北海道大学教授）に指導してもらい，脳の前方（嗅神経と嗅球）と脳の後方（終脳腹側と視索前野）に存在するsGnRHニューロンの細胞数および遺伝子発現量の変化を，抗体を用いた免疫組織化学法およびオリゴヌクレオチド（Oligonucleotide：20 塩基対かそれ以下の長さの短いヌクレオチド）を用いた *in situ* ハイブリダイゼーション法（組織・細胞における特定の遺伝子の分布や量を検出する方法：*in situ* hybridization）により，母川に遡上する前の石狩湾と母川に遡上した後の千歳ふ化場で比較した．脳の前方では石狩湾のほうがニューロン数および遺伝子発現量とも高く，千歳ふ化場では減少するのに対し，脳の後方では母川遡上後にニューロン数および遺伝子発現量とも増加した（Kudo *et al*., 1996）．さらに村上玲一君が，ベーリング海から千歳ふ化場までの sGnRH-I/II 遺伝子発現量を嗅球・終脳・視床下部で解析すると，雌雄差が認められるが，ベーリング海において雄の視床下部（視索前野）において高値を示し，産卵回遊の開始に関与していると考えられた．また，sGnRH-I/II 遺伝子発現量は，嗅球と終脳においては石狩湾から千歳ふ化場にかけ増加した．サケ親魚の産卵回遊から遡河回遊に伴い，BPG 系ホルモンが活性化し，特に sGnRH が脳の部位特異的に様々な作用を発現し，サケの母川回帰行動を主導的に調節していると考えられる（Ueda *et al*., 2016）．

早稲田大学の筒井和義教授との共同研究により，シロザケ親魚の石狩湾から千歳ふ化場までの遡河回遊に，脳ステロイドホルモンである 7α-Hydroxypregnenolone（7α-OHPreg）がどのような役割を果たしているかを解析した．親魚の遡河回遊に伴い，7α-OHPreg を合成する酵素（Cytochrome P450 7α-hydroxylase：$P450_{7\alpha}$）遺伝子発現量・7α-OHPreg 合成量・7α-OHPreg 量が増加した．さらに，7α-OHPreg の阻害剤（Aminoglutethimide）を脳室内に投与すると Y 字水路（Y-maze）における遡上行動が阻害された．以上の結果，7α-OHPreg が視索前野のドーパミンニューロンに作用してシロザケの遡上行動を制御していることを見出した（Haraguchi *et al*., 2015）．

シロザケとヒメマス親魚の母川回帰に伴う BPT 系ホルモンの分泌動態を解析した結果，大海原において視索前野の sGnRH が作用して産卵回遊を開始させ，下垂体からの LH の分泌を刺激し，雌の E2 が卵黄形成に，雄の 11KT が精子形成を促進させ母川沿岸まで回帰する．母川沿岸から産卵場までの遡河回遊には，嗅球・終脳のsGnRHが作用して母川を選択し，脳ステロイドの7α-OHPregおよび血中のTが遡上行動を促進し，産卵場でDHPにより卵と精子の最終成熟が促進され繁殖して子孫を残すことが明らかになった．

遺伝子とタンパク質

親から子へ受け継がれる形質の基本設計は遺伝子により決められ，遺伝子はデオキシリボ核酸（Deoxyribonucleic acid：DNA）と呼ばれる物質である．遺伝子は，外部形態や内部形態の形成に関与する生体分子の設計図であり，生殖により親から子へ受け継がれる．しかし，設計図に書かれているのは生体を形成する分子の1種であるタンパク質の構造に関する情報だけであり，その他の生体分子に対しては何も指示しない．また，タンパク質についても，合成の時期や量については何も指示しない．タンパク質合成の時期や量は生物が生息する環境により多様に変化する．タンパク質以外の生体分子は，必要な時に細胞内でタンパク質（酵素）が触媒する化学反応によって，より簡単な分子から作られ，必要な場所に運ばれて機能する（鈴木，2008）．

細胞の核内のDNAは，4つの核酸塩基，アデニン（Adenine：A）・グアニン（Guanine：G）・シトシン（Cytosine：C）・チミン（Thymine：T）から構成される．AとT，GとCが水素結合により対を作り，二重らせん構造（Double helix）を維持している．核DNAに含まれる遺伝情報は，細胞が分裂する時に正確に複製され，リボ核酸（ribonucleic acid：RNA）に転写（Transcription）される．RNAでは，Tの代わりにウラシル（Uracil：U）が加わり，A→U・G→C・C→G・T→Aと遺伝情報が転写され，伝令リボ核酸（Messenger ribonucleic acid：mRNA）が合成される．A・U・G・Cの4塩基から3塩基を選ぶ配列である遺伝暗号（コドン：codon）は64（$=4^3$）通りあり，このうち61種類の配列が，細胞質内のリボゾーム（Ribosome）において転移RNA（Transfer ribonucleic acid：tRNA）を経由して20種類のアミノ酸

表2　アミノ酸とコドン（遺伝暗号）

アミノ酸	アミノ酸の表記法		コドン（遺伝暗号）
	三文字	一文字	
アスパラギン	Asn	N	AAC, AAU
アスパラギン酸	Asp	D	GAC, GAU
アラニン	Ala	A	GCA, GCC, GCG, GCU
アルギニン	Arg	R	AGA, AGG, CGA, CGC, CGG, CGU
イソロイシン	Ile	I	AUA, AUC, AUU
グリシン	Gly	G	GGA, GGC, GGG, GGU
グルタミン	Gln	Q	CAA, CAG
グルタミン酸	Glu	E	GAA, GAG
システイン	Cys	C	UGC, UGU
セリン	Ser	S	AGC, AGU, UCA, UCC, UCG, UCU
チロシン	Tyr	Y	UAC, UAU
トリプトファン	Trp	W	UGG
トレオニン	Thr	T	ACA, ACC, ACG, ACU
バリン	Val	V	GUA, GUC, GUG, GUU
ヒスチジン	His	H	CAC, CAU
フェニルアラニン	Phe	F	UUC, UUU
プロリン	Pro	P	CCA, CCC, CCG, CCU
メチオニン	Met	M	AUG
リジン	Lys	K	AAA, AAG
ロイシン	Leu	L	UUA, UUG, CUA, CUC, CUG, CUU
終止	—	—	UAA, UAG, UGA

（Amino acid）に配列される（表2）．2個のアミノ酸のカルボキシル基（-COOH：C末端）とアミノ基（$-NH_2$：N末端）がペプチド結合してタンパク質が合成される．ホルモンなどのタンパク質の遺伝子発現量の変化は，少量のmRNAの解析できるリアルタイム定量PCR（Real-time quantitative polymerase chain reaction：real-time qPCR）により，特定の時間・細胞・組織での遺伝子の発現を解析することができる．

ホルモンの種類と作用

内分泌細胞が分泌したホルモンはその分泌様式により，分泌した細胞に作用する自己分泌（Autocrine），同じ組織内の細胞が分泌したホルモンが近傍の細胞に作用する傍分泌（Paracrine），脳の神経分泌細胞が分

表3　化学的構造を基準としたホルモンの分類

化学的分類	各分類に含まれるホルモン群	代表的なホルモン
ステロイド系	アンドロジェン（雄性ホルモン）	テストステロン・11-ケトテストステロン
	エストロジェン（雌性ホルモン）	17β-エストラジオール・エストリオール・エストロン
	プロゲストジェン（黄体ホルモン）	プロゲステロン・17α, 20β-DHP
	コルチコイド（副腎皮質ホルモン）	コルチコステロン・コルチゾール
	その他のステロイド	20-ヒドロキシエクジソン・ビタミンD
ペプチド・タンパク系		大部分のホルモン（視床下部・下垂体・消化管・鰓後腺・スタニウス小体・腎臓・ランゲルハンス島・尾部下垂体から分泌されるホルモンや無脊椎動物の脱皮抑制ホルモン造雄腺ホルモン・後背細胞ホルモンなど）
チロシン誘導体系	甲状腺ホルモン	チロキシン・トリヨードチロニン
生体アミン系	カテコールアミン類	アドレナリン・ノルアドレナリン・ドーパミン
	トリプタミン類	メラトニン・セロトニン
	イミダゾール類	ヒスタミン
	コリン類	アセチルコリン
アラキドン酸系（エイコサノイド系）	プロスタグランジン類	プロスタグランジンA～J
	トロンボキサン類	トロンボキサン
	ロイコトリエン類	ロイコトリエン

泌したホルモンが標的器官に作用する神経分泌（Neurocrine），および内分泌分泌器官より分泌され血液を介して標的器官に運搬される内分泌（Endocrine）に分類される．またホルモンは，化学的構造を基準とすると，ステロイド系・ペプチド・タンパク系・チロシン誘導体系・生体アミン系・アラキドン酸系に分類される（表3）．また魚類のホルモン産生分泌器官は脳（主に視床下部）・下垂体・松果体・甲状腺・鰓後腺・頭腎（間腎腺）・腎臓・スタニウス小体・生殖腺・ランゲルハンス島・尾部下垂体などがあり，様々なホルモンが分泌される，様々な作用を営む（表4）．

同じ脊椎動物に分類されるサケとヒトのホルモンは，同じような役割

表4　魚類におけるホルモン産生分泌器官と作用

産生部位	主なホルモン名	作用
腺性脳下垂体	成長ホルモン プロラクチン 甲状腺刺激ホルモン 生殖腺刺激ホルモン 副腎皮質刺激ホルモン ソマトラクチン 黒色素胞刺激ホルモン	アミノ酸の輸送・タンパク合成促進 Na イオンの流出抑制 甲状腺ホルモンの産生 性ステロイドホルモンの産生・生殖腺の発達 糖質コルチコイド産生 Ca イオン調節・ストレス反応と関連 黒色素胞内のメラニン顆粒拡散
神経脳下垂体	バソトシン・イソトシン（分泌）	浸透圧調節・血管の収縮
視床下部	神経下垂体ホルモン（産生） 視床下部ホルモン（生殖腺刺激ホルモン放出ホルモンなどの各種放出・抑制ホルモン）	分泌は神経下垂体から 腺性下垂体ホルモンの分泌調節 生体内情報のコントロール
松果体 甲状腺	メラトニン チロキシン・トリヨードチロニン	日周リズムと関連 物質の代謝に関与・形態変化に関与
鰓後腺 頭腎（間腎腺） （クロム親和性細胞）	カルシトニン コルチゾル・コルチコステロン アドレナリン・ノルアドレナリン	血中カルシウム濃度の低下 糖や電解質代謝に関与・ストレス反応と関連 心拍数の増加・血管収縮・血圧上昇・換水増加
腎臓	アンギオテンシン	飲水作用
スタニウス小体	スタニオカルシン	血中カルシウム濃度の低下
生殖腺	雌性ホルモン 雄性ホルモン 最終成熟誘起ステロイド	卵黄前駆体タンパク質の合成・卵形成促進 精子形成の促進 卵母細胞と精子の最終成熟を促進
ランゲルハンス島 尾部下垂体	インスリン グルカゴン ウロテンシン	糖質，脂質の貯蔵・血糖値の低下 グリコーゲン，脂肪分解・血糖値上昇 水や電解質代謝に関与

を果たす共通するものが多い（図6）（Gorbman & Bern, 1962）．しかし，水中生活を営むサケから陸上生活を営むヒトへ進化していく過程で，陸上生活では必要がなくなり消失した内分泌器官（スタニウス小体・尾部神経分泌系）がある．サケが塩分濃度の大きく異なる淡水と海水に生息できるのは，様々なホルモンが鰓・腎臓・腸などに作用して，塩分（主

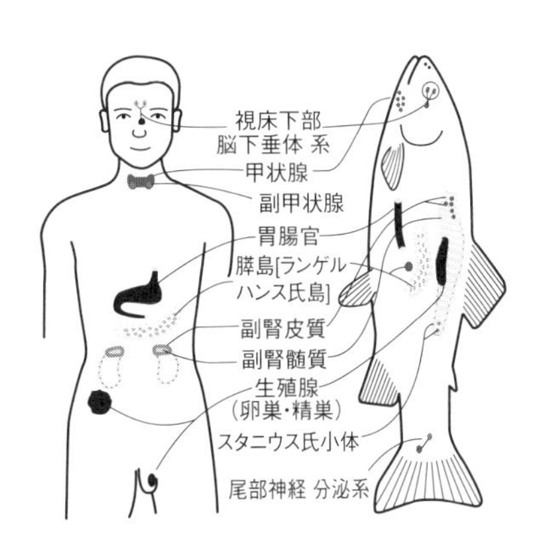

図6　ヒトとサケの内分泌器官の比較.

に NaCl）と水分の流入と流出を調整しているからである．淡水のサケは，塩分が流出し水が体内に侵入するため水ぶくれになる危険性があり，鰓の塩類細胞が淡水中の微量の塩類を吸収し，腎臓で多量の薄い尿を作り，塩分を保持しながら過剰な水分を排出する．一方，海水のサケは，塩分が流入し水分が体内から流出するため干からびる危険性があり，海水を飲んで腸から水分だけを体内に保持し，余分な塩分を鰓の塩類細胞（Chloride cell）から排出する（Kaneko *et al.*, 2008）．このサケの淡水適応に関与するホルモンはプロラクチンである．プロラクチンは腺性下垂体で産生され，サケの鰓の塩類細胞に作用して塩分の体外への流出を防ぎ体内に保持し，腎臓では糸球体における濾過量を増大させ尿量を増加させ，細尿管と膀胱では塩分の再吸収を増加させ，水の再吸収を低下させることにより，多量の薄い尿を産生させて，淡水適応能力を高めている．

一方，サケの海水適応に関与するホルモンはコルチゾールと成長ホルモンである．コルチゾールは，サケではヒトの副腎皮質に相当する間腎腺で産生され，鰓の塩類細胞の分化を促し，Na+/K+-ATPase（細胞からナトリウムイオンを汲み出し，カリウムイオンを取り込む酵素）活性を高め，塩類細胞から塩分の排出を促進し，腸の塩分と水分の吸収を促進する．腺性下垂体で産生される成長ホルモンは，肝臓で産生される

IGF-I に作用し，IGF-I が鰓の Na+/,K+-ATPase 活性を高め，海水適応能力を向上させる（McCormick, 2009）．また，プロラクチンと成長ホルモンは遺伝子構成・アミノ酸配列が近く，同一の祖先遺伝子が重複し，機能が分化したと考えられており，プロラクチンが淡水適応，成長ホルモンが海水適応という異なる機能に分化したのは興味深い．

サケでは淡水適応のホルモンであったプロラクチンは，ヒトでは乳腺刺激ホルモンとして作用し，乳腺を分化・発達させ，乳汁を合成し分泌させる．一見，全く関係ないプロラクチンの淡水適応と乳腺刺激の作用は，細胞の水分と塩分の透過性の観点から見ると共通する点が見えてくる．つまり，プロラクチンは塩分・蛋白質などの細胞からの流出を防ぎ，水分の流出を促進することにより，サケでは淡水適応，ヒトでは乳腺刺激の役割を果たしている．一方，サケでは海水適応のホルモンであったコルチゾールは，ヒトではストレスにより多量の分泌させることが知られており，血圧や血糖値を高め，免疫機能の低下などをもたらす．サケが淡水から海水に適応するには大きなストレスに曝されていると考えられるので，コルチゾールはサケとヒトで共通する作用を有していると考えられる．成長ホルモンと IGF-I は，ヒトでは細胞分裂・成長・発達および電解質代謝・血糖値上昇などに作用する．サケは海水中で大きく成長するので，成長ホルモンは，サケとヒトで共通する作用を有している．

第3章
サケの嗅覚

嗅覚は，生物が外界の変化を感じ取るために獲得した五感（視覚・聴覚・触覚・味覚・嗅覚）の中で最も原始的な感覚機能の一つであり，食物認識，危機回避（警告行動），個体識別，親子認識，なわばり，順位性，共生行動，群行動，生殖行動，回帰行動（渡り・回遊）など，生物の生存と種の保存のため必要不可欠な情報を感受するため感覚器官である．生物が動くようになった時に，外界の環境変化を化学物質の変化として感じ取るために嗅覚機能が発達したため，受容できる化学物質は多種・多様である．このため，五感の受容体遺伝子は，聴覚が1個，視覚が3〜4個，触覚が9個，味覚が20〜30個であるのに対して，嗅覚は200〜1500個あると報告されている（郷，2008）．一方，外界の環境変化に対応するため生体内では内分泌器官から種々のホルモンが産生され主に血中に放出され，自律神経系（Autonomic nervous system）と協働して恒常性を維持している．嗅覚刺激によって体内のホルモンが変化することは古くから知られていたが，それとは逆に体内のホルモン変化が嗅覚機能に影響を与えることも示唆されている（堀尾 & 東原，2015）．

サケが嗅覚により母川回帰することは，前述したように Author Hasler 博士らがギンザケの嗅覚遮断実験を行い，サケ稚魚が降河回遊する時に母川固有のニオイを記銘し，親魚が母川回帰する時に母川のニオイを識別し想起すると言う嗅覚記銘仮説を提唱した（Hasler & Scholz, 1983）．また，英国のローストフト水産研究所の Roy Harden Jones 博士は，サケ稚魚は降河回遊中に産卵場から河口までの道筋を連続的に記銘しているという連続記銘仮説（Sequential imprinting hypothesis）を提唱した（Harden-Jones, 1968）．一方，ノルウェーのオスロ大学の Hans Nordeng 博士は，大西洋の北極イワナ（*Salvelinus alpinus*）が同種の若い個体から分泌されるフェロモンにより親魚が回帰すると言うフェロモン仮説（Pheromone hypothesis）を提唱した（Nordeng, 1971）．しかし，太平洋サケのシロザケとカラフトマスは，親魚が回帰する時に稚魚は河川にはいないのでフェロモン仮説は当てはまらない．最近，カナダのブリティッシュコロンビア大学の Nolan Bett 博士と Scott Hinch 博士が，一次的には母川のニオイ，二次的には同種

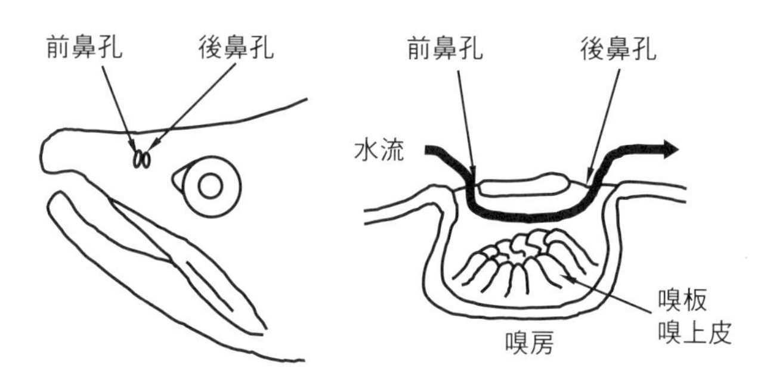

図7　サケの鼻腔の構造.

のニオイ（フェロモン），三次的には環境要因と言う階層航法仮説（Hierarchical navigation hypothesis）を提唱した（Bett & Hinch, 2015）．何れにしても，サケの嗅覚が母川回帰に重要な役割を果たしているのは間違いない．

サケの嗅覚系の構造と機能

サケは鰓呼吸するため，サケの鼻腔（Nasal cavity）は呼吸には全く関与しない，嗅覚と磁気感覚（磁覚：Magnetoception）（Walker *et al.*, 1997）を感受する感覚器官である．サケの鼻腔は，眼の前方に位置し，鼻孔（Nostril）は左右一対，前後に二つあり，泳ぐことにより水が効率よく流れ込み排出され，水中のニオイを良く嗅げるしくみになっている．鼻腔に多数のヒダ（嗅板：Olfactory lamella）が集まり嗅房を形成し，嗅板の表面にある嗅上皮（Olfactory epithelium）に嗅細胞（Olfactory cell）が存在する（図7）．工藤秀明博士がシロザケの嗅細胞数は，稚魚で18万個，親魚で1420万個あることを計測している（Kudo *et al.*, 2009）．嗅細胞の数は，イヌで2億個，ヒトで300万個と言われており，嗅細胞数から見るとサケの嗅覚は，イヌよりは少ないが，ヒトよりは多い．魚類から哺乳類までの脊椎動物のニオイ受容機構は，基本的に同じである．嗅上皮にある嗅細胞の繊毛や微絨毛に存在するニオイ受容体

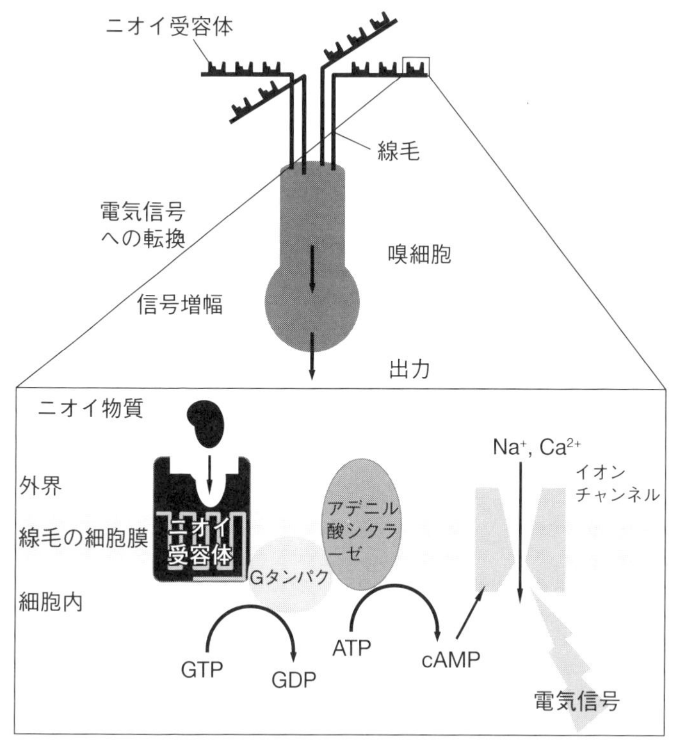

図 8　サケのニオイ受容機構.

(Olfactory receptor) に，ニオイ物質が結合すると GTP 結合タンパク質を介して，アデニル酸シクラーゼが活性化され ATP から cAMP (3',5'-cyclic adenosine monophosphate) が産生される．また，ホスホリパーゼ C から IP_3 (inositol 1,4,5-trisphosphate) が産生される場合もある．これらのセカンドメッセンジャーが，陽イオンチャネルを開口させて陽イオンが嗅細胞に流入し電位を発生させる (図 8)．この電位の変化を測定するのが電気生理学 (Electrophysiology) 的手法で，嗅細胞の受容器電位である嗅電図 (Electro-olfactogram：EOG)，嗅神経の活動電位である嗅神経応答 (Olfactory nerve response)，嗅球の活動電位である嗅球誘起脳波 (Electro-encephalogram：EEG) などが用いられる．

ニオイ受容体は哺乳類では約1500種類見つかっているが，魚類では約200種類しか存在していないと報告されている（Alioto & Ngai, 2005）．サケが低濃度から感知できる水中のニオイ分子としては，アミノ酸とその関連物質，胆汁酸（Bile acid），ステロイド（Steroid），プロスタグランジン類（Prostaglandin）などが知られている．双極神経細胞である嗅細胞の樹上突起（Dendrite）で受容されたニオイ情報は，軸索（Axon）である嗅神経（Olfactory nerve）により嗅覚の一次中枢である嗅球の糸球体層（Glomerular layer）において，大型神経細胞である僧帽細胞（Mitral cell）の樹上突起とシナプスする．さらに，僧帽細胞の軸索が，外側・内側嗅索（Olfactory tract）を介して嗅覚の二次中枢である終脳の腹側野（Ventral area：V）や背側野（Dorsal area：D）に投射され，ニオイ情報として最終的に保持される（庄司 & 上田，2002）．

河川水中のニオイ成分

サケが感受する河川水中のニオイ成分に関する初期の研究は，EEGが用いられた．東京大学の原　俊昭博士（後カナダ水産海洋省淡水研究所）らが母川回帰したギンザケ親魚は，母川水に対して大きな嗅球誘起脳波を発生させることが報告した（Hara *et al*., 1965）．しかし，これは後に母川水に特有の反応ではなく刺激水中のニオイの濃度に対する反応であることが明らかになった（Hara, 1970）．東京大学の上田一夫教授は，シロザケとヒメマスの嗅球誘起脳波の周波数解析により，母川水に固有の周波数スペクトルが得られるのは，活性炭吸着性・石油エーテル不溶性・透析性・非揮発性・耐熱性の成分であることを報告した（Ueda, 1985）．

米国において1970年代後半から1990年代後半に，モルフォリン（Morpholine）やフェネチルアルコール（Phenylethyl alcohol：PEA）などの水溶性の人工ニオイ物質を用いた実験が盛んに行われた．ギンザケのスモルトをモルフォリンやPEAに暴露させ，産卵のため回帰した親魚が高い確率でモルフォリンやPEAを選択する行動実験が行われた

(Scholz *et al.*, 1976). その後，パッチクランプ法により，PEA に暴露されたギンザケの嗅上皮は，成熟期に PEA に対する感度が上がることが報告された（Nevitt *et al.*, 1994). また，ギンザケのスモルトでは PEA の記銘には 10 日間必要であること（Dittman *et al.*, 1996），および PEA はアデニル酸シクラーゼではなくグアニル酸シクラーゼ活性を上昇させることが報告された（Dittman *et al.*, 1997). しかし，なぜか米国ではサケの母川記銘・回帰に関与する母川水のニオイ成分を分析する研究は行われなかった.

溶存遊離アミノ酸

北海道大学薬学部の栗原堅三教授研究室の庄司隆行博士（現東海大学海洋学部教授）が，河川水中のニオイ成分の違いが何に由来するかを調べるため，洞爺湖に流入する河川水に含まれる溶存遊離アミノ酸（Dissolved free amino acids：DFAA）および胆汁酸の定量分析を行った. DFAA の分析結果に基づき各河川水に対応したアミノ酸成分から構成される人工アミノ酸河川水（Artificial stream water：ASW）を調製し，それらに対するサクラマスの嗅神経応答を測定した. 調べた 3 河川において，各河川水中のアミノ酸の組成と濃度は異なっていたが，胆汁酸には大きな差が無かった. 以上の分析結果と主要陽イオンの分析結果に基づいて洞爺湖の 3 河川の ASW を調製し，それらに対するサクラマスの嗅神経応答を交差順応試験により測定したところ，アミノ酸と無機塩類のみで再構成した ASW は，天然水の場合とほぼ同様の嗅神経応答を示し，サクラマスにとって母川識別に役立っている河川水中のニオイ成分は DFAA である可能性が示された（Shoji *et al.*, 2000).

佐藤幸治君（現生理学研究所特任准教授）が，洞爺湖のヒメマスとサクラマスを用いて，洞爺湖水，洞爺湖実験所飼育水，実験所水源水，および洞爺湖へ流入する河川水に対する嗅神経応答を測定した. 両魚種とも性および成熟度に関係なく実験所飼育水に対して最も大きな応答を示し，実験所水源水に対して最も小さな応答を示した. 実験所で飼育している魚類や投与する餌から溶出するニオイ成分が大きな応答を誘発していると考えられる．また，交差順応法によりそれぞれの水を相互に識別できるかを調べた結果，完全に交差順応した組み合わせは無く，湖水に順応した状態でも各流入河川水を識別できることが明らかになった．さらに，湖水で実験所飼育水を希釈した試験水の濃度応答曲線から求められた閾値（Threshold）は0.1～1.0%であり，ヒメマスとサクラマスはある程度河口に近づかなければ湖水と河川水を識別できないことが明らかになった（Sato *et al.*, 2000）．

山本雄三博士（現海洋生物環境研究所主査研究員）が，北海道の各母川に回帰した4種類の太平洋サケ（カラフトマス・シロザケ・ベニザケ・サクラマス）の雄親魚を各漁業協同組合から分与してもらい，各母川のDFAA組成により作成されたASWに対する選択性を，左右の水路から2種類の異なった水を流し，雄親魚がどちらの水路を選択するかを調べるY字水路を用いて実験した．その結果，カラフトマス以外の3種のサケは，75～85%の精度で統計的に有意にASWを選択したが，カラフトマスはASWを選択しなかった（Yamamoto *et al.*, 2008）．前述したようにカラフトマスは，北太平洋における分布域が最も広く，個体数も多いことから最も進化したサケと考えられている．全てのサケが正確に母川に回帰すると，サケは分布域を広げることができず，個体数も増えない．カラフトマスは母川水に対する嗅覚機能を多様化し，迷入することにより進化したと考えている．また，長流川に回帰したシロザケ雄親魚を用いて，人工アミノ酸長流川水（Artificial Osaru River water：AOR）とDFAAの中でもっとも濃度の高いL-グルタミン酸（Glutamic acid：E）を除いたAOR-Eを作成した．嗅神経応答の交差順応ではAORとAOR-Eを識別したが，Y字水路の選択性には差がなかった．シロザケは河川水中の一種類のアミノ酸の有無を識別するが，一種類のアミノ酸の有無は河川水の選択には影響しないことが分かった（Yamamoto & Ueda, 2009）．

米国からの国費留学生Ernest Chen君が，北海道大学でポストドクを行い北海道大学客員教授として来日した米国ノーザンミシガン大学のJill Leonard教授と共に，札幌市豊平川さけ科学館のY字水路に後述するピットタグ（Passive integrated transponder：PIT）システム（PIT tag system）を用いて，千歳川に回帰したシロザケ雄親魚にピットタグを装着し，人工アミノ酸千歳川水（ACR：母川水）と人工アミノ酸豊平川河川水（ATR：非母川水）の選択性および滞在時間を自動解析により比較した．シロザケ雄親魚の何れかの水路への遡上率は80％で，ATRの水路とACRの水路の選択性には有意差はなかった．しかし，ATRの水路よりACRの水路への遡上行動中の全滞在時間および平均滞在時間は有意に長かった（Chen *et al.*, 2016）．

アミノ酸による母川記銘・母川識別

ヒメマス幼魚の銀化期の前中後に当たる3～7月に1 μMのL-プロリン（Proline：P）を2週間暴露し，プロリンに対する嗅電図を測定したところ，3～6月に暴露すると対照群に比べて有意に嗅電位が高くなったが，7月は変化なかった．また，2年後の成熟期にY字水路を用いた選択行動実験を行ったところ，3～6月にプロリンに暴露した成熟個体はプロリンを有意に選択したが，7月の個体は選択しなかった．ヒメマスは，河川水中の一種類のアミノ酸を記銘・識別できる嗅覚感度を持っていることが明らかになった（Yamamoto *et al.*, 2010）．さらに，天塩川水のシロザケ稚魚が降河する5月と親魚が回帰する9月のDFAA組成を4年間分析した．その結果，17種類のアミノ酸の中で，5～7種類のアミノ酸は4年間の春と秋において変化していなかった．天塩川に回帰したシロザケ親魚を用いて，Y字水路における選択行動をコントロール水と稚魚が降河回遊する時のASW（jASW）および親魚が回帰する時のASW（aASW）で比較するとjASWとaASWを有意に選択するが，jASWとaASWを比較すると選択性に差が出なかった（Yamamoto *et al.*, 2013）．

アミノ酸の起源

河川水中のDFAAは，生物起源であり，河畔植物，土壌微生物，および河床の石などに付着する微生物（藻類・細菌類・原生動物・後生動物）の集合体であるバイオフィルム（Biofilm）が産生・放出していると考えられる（Thomas, 1997）．木谷圭太・仲佐　歩・板垣英祐・岡田佳奈子・袴田峻佑君らが，気象条件などの変化によりどのようにDFAAの組成・濃度が変化するかを分析し，降雨などによりDFAA濃度は大きく変動するが濃度比が変化しないアミノ酸があること，春と秋は河川水温など大きく変化しないため大きく変動しないことを見出した．ブルガリアからの国費留学生Nina Ileva博士は，道北の天塩川においてDFAAの組成・濃度が流域環境によりどのように変化するかを解析し，上流・中流・下流などの流域環境変化では大きく変動しないことを見出した（Ileva *et al.*, 2009）．石澤清華君が，豊平川においてバイオフィルムの24時間の培養実験を行い，DFAA濃度は3～8倍に増加するが，DFAA組成は全く変化しないことから，河川水中のDFAAの起源の一つはバイオフィルムであることを突き止めた（Ishizawa *et al.*, 2010）．サケは，河川固有のバイオフィルムが放出するDFAA組成を稚魚が春の降河回遊時に記銘し，数年後の秋に親魚が稚魚の降河回遊時に記銘したDFAA組成の中で変化していない組成を識別して母川回帰すると考えられる．

サケの嗅覚機能の生化学的・分子生物学的研究

清水宗敬君（現北海道大学水産学部講師）が，ヒメマスの銀化期に嗅神経系（嗅上皮・嗅神経・嗅球）に特異的発現するヒメマス嗅神経組織特異蛋白（N24）をポリアクリルアミドゲル電気泳動法により特定した（Shimizu *et al.*, 1993）．このN24は，工藤秀明博士が東京大学海洋研究所の長澤寛道教授の指導を受け分子生物学的解析によりグルタチオンS－トランスフェラーゼ（Glutathione S-transferase：GST）クラスπであることを同定した（Kudo *et al.*, 1999）．GSTは，薬物代謝酵素であり，生体外異物の解毒などに関与することが知られているが，どのようにサケの嗅覚記憶に関与しているかは不明のままである．

日野裕司博士（現中外製薬研究員）が，北海道大学理学部の山下正兼

教授と岩井俊治博士の指導により，サブトラクション法（差し引きハイブリッド法：銀化期と非銀化期の個体の嗅神経組織の細胞のmRNAから，銀化期にのみ特異的なmRNAを，cDNAとハイブリッドを形成させ，銀化期にのみ発現するcDNAを特定する方法）を用いて銀化期に特異的に発現するサケ嗅上皮記銘関連遺伝子（Salmon olfactory imprinting-related gene：SOIG）を特定した．SOIGは，嗅細胞および嗅細胞に分化する基底細胞に発現し，ヒメマスの銀化期および，シロザケの母川記銘・母川回帰時にその発現量が増加した（Hino *et al.*, 2007）．しかし，SOIGがどのようにサケの嗅覚記憶に関与しているかは不明のままである．

森西　史君は，北海道大学理学部の鈴木範男教授の指導により，RACE法（Rapid amplification of cDNA ends：cDNAの塩基配列が部分的に解っているときに，その既知領域の塩基配列情報を基にPCRを行って，cDNA末端までの未知領域をクローニングする方法）によりニジマス・サクラマス・ヒメマス・シロザケ・カラフトマスの嗅上皮から7回膜貫通型のMain Olfactory Receptor型ニオイ受容体遺伝子を単離した（Morinishi *et al.*, 2007）．このニオイ受容体遺伝子は，ヒメマスの銀化期，およびシロザケのベーリング海から千歳ふ化場までの母川回帰時に発現量が増加した．しかし，どのようなアミノ酸を受容しているのかは，不明のままである．

オランダのワーゲニンゲン大学のArjan Palstra博士との国際共同研究により，石狩湾とインディアン水車で捕獲したシロザケ嗅上皮において発現している遺伝子を，RNA sequencing（RNAseq：次世代シークエンサーを用いた網羅的トランスクリプトーム解析）により比較し，75個の既知のサケ嗅覚関連遺伝子と27個の機能未確認遺伝子を解析した．特に，OlfactomedinとEpendyminはsGnRHが制御する性成熟に伴い発現量を変化させた嗅覚関連遺伝子であった（Palstra *et al.*, 2015）．今後，RNAseqを用いたさらなる網羅的解析により機能が同定されていない未知遺伝子の発見が期待される．

第4章
サケの記憶

動物の記憶は，中枢神経系における神経可塑性（Plasticity of nervous system）とシナプス可塑性（Synaptic plasticity）により説明される．神経可塑性は，外界から入ってきた刺激に対して神経系が構造的・機能的に変化することである．発達期などのある特定の時期に，神経細胞の軸索が伸長して別の神経細胞の樹状突起とシナプスを形成することで，神経回路の新たな結合やつなぎ替えが起こり，複雑なネットワークが形成される．そして神経回路が完成し，シナプス結合強度の変化によりシナプス可塑性が形成され，2つの神経細胞間の信号伝達効率が上昇し，記憶が持続的に長期間保存される長期記憶増強（Long term potentiation: LTP）が生じる．このLTPの誘導には，N-methyl-D-aspartate型グルタミン酸受容体（NMDA受容体）の活性化が必須である（高宮，2011）．NMDA受容体は，必須サブユニットであるNR1と機能を特定するNR2（NR2A-D）サブユニットから構成される四量体である（Brim *et al.*, 2013）．

動物の生活史のある特定の時期（臨界期）の時だけに生じる特殊な記憶である記銘は，オーストリアのKonrad Lorenz博士（1973年にノーベル生理学・医学賞を受賞）が，ハイイロガンのふ化した雛が最初に動くものを親として覚えこむことから発見された（Lorenz, 1949）．サケ稚幼魚の母川水ニオイに関する嗅覚記憶は，稚幼魚が降河回遊を行う臨界期にのみ形成され，数年後に親魚が遡河回遊するまで長期間保持されるため，鳥類の記銘と類似した現象である．

NMDA受容体

北海道大学客員教授として来日した，韓国の江陵原州大学校生命科学大学の陳　徳姫教授との国際共同研究によりシロザケのNR1遺伝子が単離された（Yu *et al.*, 2014）．土田茂雄君が，千歳ふ化場で飼育され千歳川に放流され石狩湾までの降河回遊（図5）に伴うシロザケ稚魚の全脳におけるNR1遺伝子発現量の変化を解析した．千歳ふ化場で飼育されていた1～3月の間に脳の発達に伴い増加して放流直前には低値を示し，千歳川に放流されTRHa/b遺伝子発現量が急増した後に，NR1遺伝子発現量が増加しはじめ石狩川河口まで増加し，石狩湾では低下した．NR1遺伝子の局在部位を，北海道大学医学部の渡辺雅彦教授と今野幸太郎助教の指導により，*in situ* ハイブリダイゼーション法により解析すると，嗅球からの神経投射部位である終脳の腹側領域（V）のおけるNR1遺伝子は，千歳ふ化場ではほとんど認められなかったのに対し，釜加では顕著に発現して，LTPが生じていることを示した．また，稲田　薫君が千歳ふ化場から放流されたシロザケ稚魚の降河回遊に伴う河川水に対する嗅電図を測定し，新たな河川水に遭遇すると嗅覚感度が上昇することを見出した．つまり，シロザケ稚魚はふ化場から放流された環境変化により，BPT系ホルモンが活性化され，その刺激によりLTPが生じ，降河回遊に伴い新たな河川水に遭遇するとそのニオイを記銘していることが明らかになった（図9A）（Ueda *et al.*, 2016）．

中村太朗君が，千歳ふ化場で飼育されていた放流前（3月）のシロザケ稚魚にT4（2 mg/g）を混ぜた餌を2週間経口投与したところ，NR1遺伝子発現量が対照群に比べて4日目に有意に上昇し，その後14日目まで減少した．T4/T3量は14日間増加したのに対しNR1遺伝子発現量は4日目にピークを示しその減少したことは，シロザケ稚魚はBPT系ホルモンの刺激により獲得する母川記銘能は数日間以内に臨界期があることを示している．

山本雄三博士と中村慎吾君が，ヒメマスのスモルトに1 μM L-プロリンを2週間暴露し，その間にNMDA受容体の選択的拮抗剤であるMK-801（0.1 μg/g体重）を4回，腹腔内注射して，2年後の成熟期にプロリンに対する嗅電図を測定した．MK-801投与群は対照群に比べて嗅電図の値が有意に低かった．臨界期にNMDA受容体の機能を阻害すると，その影響は長期間保持されることが示唆された．

土田茂雄君が，ベーリング海から千歳ふ化場までの産卵回遊から遡河回遊（図5）に伴う雌雄のシロザケ親魚の嗅球と終脳におけるNR1遺伝子発現量を解析した．NR1遺伝子発現量は，石狩湾から千歳ふ化場への遡河回遊にともない雌雄親魚の嗅球において有意に増加したが，終

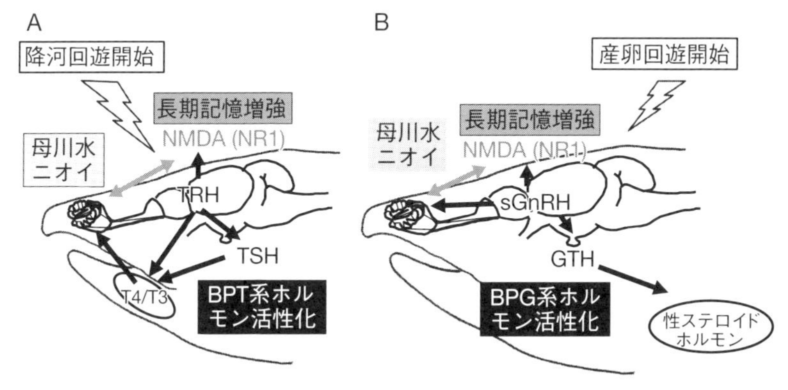

図9　A. サケ稚魚の母川記銘メカニズム．B. サケ親魚の母川想起メカニズム．

脳では大きな変化は認められなかった．稲田　薫君が，石狩湾で捕獲してまだ石狩川に遡上していないシロザケ雄親魚に，GnRHa を投与して性成熟を促進させ，石狩川河川水と千歳川河川水に対する嗅電図を測定した．北海道区水産研究所の浦和茂彦博士と冨田泰生氏が解析してくれた耳石温度標識により千歳ふ化場に回帰する個体は，千歳川河川水に対して有意に大きな応答を示した．一方，他のふ化場に回帰する迷入個体は，石狩川河川水に対して大きな応答を示した（Ueda *et al.*, 2016）．

生体外培養によりラットの脳スライス切片を NMDA とともに培養すると，GnRH 放出が促進されることが報告されている（Lopez *et al.*, 1992）．木谷倫子・神津宜久・深谷厚輔君が，産卵期前（6 月）と産卵期（10 月）に，ヒメマス親魚の嗅球（OB）・終神経（TN）・視索前野（POA）の脳スライス切片を，5 mM NMDA とともに培養した．POA スライスでは，NMDA 添加により 6 月に比べ 10 月の方が有意に sGnRH 放出量が増加した．OB と TN スライスでは，NMDA 添加により sGnRH 放出量は増加したが，6 月と 10 月では差はなかった．これらの結果，脳部位特異的な sGnRH の刺激により LTP が誘発され，遡河回遊に伴い母川水のニオイを想起していることが明らかになった（図 9B）．

米国国立科学財団－日本学術振興会のサマープログラムを利用して，

米国オレゴン州立大学の大学院生 Katharine Self 君が，オレゴン州の河川でマスノスケの野生とふ化場スモルトをサンプリングし，TRH と NR1 遺伝子発現量を比較した．TRH と NR1 遺伝子発現量は野生スモルトの方が，ふ化場スモルトより高かった．この結果が，親魚の母川回帰性にどのように反映されるかは今後の研究を俟たなければならない．しかし，TRH と NR1 の遺伝子発現量は，サケの母川記銘能力を解析するための重要な指標となり得ることが分かった．

fMRI

坂東　洋博士（現バイエル薬品株式会社）は，北海道大学歯学部の黄田育宏博士（現情報通信研究機構脳情報通信融合研究センター）の指導により，血流量の変化から広範囲の脳内神経活動を測定することのできる機能的磁気共鳴画像法（functional Magnetic Resonance Imaging：fMRI）を用いて，母川水のニオイ刺激に対するヒメマスの嗅球および終脳の神経活動を解析し，母川水によるニオイ刺激では，コントロールとして用いた 10^{-3} M の L- セリン溶液に比べ溶存遊離アミノ酸の合計濃度が 2 万分の 1 程度であるにもかかわらず，主に終脳の背側野外側領域（Dl）において有意な神経応答が強く得られることを明らかにした（Bandoh *et al.*, 2011）．魚類の終脳背側部は，他の脊椎動物の外套（Pallium）に相当すると考えられている．特に Dl 領域は，高等脊椎動物において記憶・学習と深い関わりのある海馬（Hippocampus）に相当する領域を含んでいると考えられている．サケは，母川のニオイ情報を，V 領域で受容した後，Dl 領域で統合・処理することにより，母川水のニオイを記銘・想起していることが明らかになった．

サケ稚幼魚が降河回遊時に，嗅上皮の嗅細胞で受容した母川水の DFAA 組成をニオイ情報として嗅球のどの部位において受容し，終脳の V および Dl 領域においてどのように母川水のニオイ情報を保持し，親魚が母川回帰時にどのように母川想起しているかを，NMDA 受容体の NR2A-D のサブユニット遺伝子の発現動態などを詳細に研究する必要が

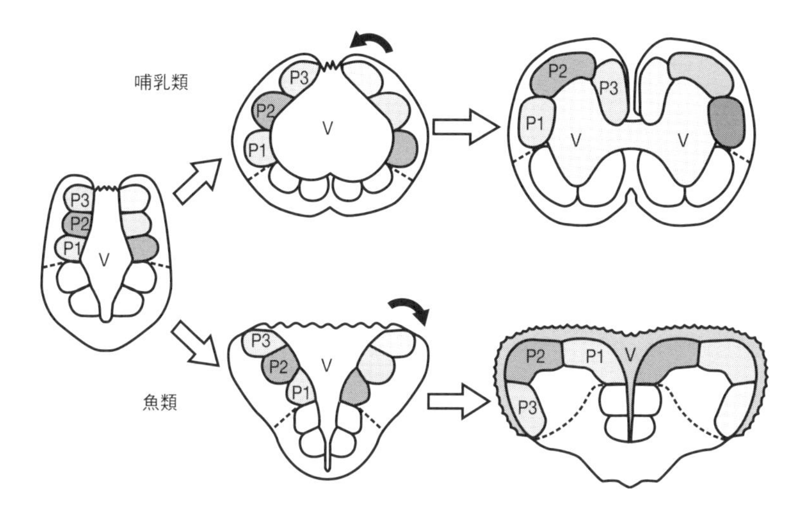

図 10　哺乳類と魚類の脳の発生様式の比較.

ある．また，正確に母川回帰するサケと迷入するサケ，および 4 種類の日本のサケの嗅覚記憶能力はどのように異なっているのかを，NMDA 受容体を分子指標として解析する研究が期待される.

魚類と哺乳類の脳

同じ脊椎動物である魚類と哺乳類の脳の基本的構成要素は同じであるが，発生様式は大きく異なる．脳は神経管（Brain tube）という管が膨らんで，魚類では外側反転（Eversion）するのに対し，哺乳類では内側反転（Inversion）して形成される（図 10）（Rodriguez *et al.*, 2002）．このため，魚類と哺乳類の脳の領域を直接比較することは難しかった．近年の分子マーカーを用いた発生学的研究により，メダカの終脳背側野（D）と腹側野（V）は，それぞれ哺乳類の外套と外套下部（Subpallium）と呼ばれる部位に相当することが報告された（Kaga *et al.*, 2004）．哺乳類の外套には個体の生命維持と種族維持に重要な大脳辺縁系（Limbic system）が含まれ，情動行動（Emotional behavior）を制御していることが知られている．この情動行動は，魚類の本能行動（Innate behavior：学習や思考によらず，生物が外部の刺激に対して引き起こされる生まれつきの行動）から発達したものと考えられている．また，この大脳辺縁系は，視床下部と密接に関係しており，自律神経系と内分泌機能を調整している．特に，偏桃体（Amygdala）は情動行動に，海馬は記憶や空間学習能力にも関与している．

第5章
サケの回遊行動

近年のバイオテレメトリー（生物に小型の発信器・記録計などを取り付け，行動・生理・環境についてのデータを遠隔測定し，行動や生態を調査する研究手法：Biotelemetry）の急速な発達により，以前は不可能であった水中のみを回遊するサケの回遊行動を詳細に解析できるようになってきた（Hussey *et al.*, 2015）．太平洋サケに超音波発信機を装着し，沿岸での行動（Quinn & Groot, 1984; Quinn *et al.*, 1989）およびベーリング海（Ogura & Ishida, 2011）での行動を調査船で追跡する調査が行われてきた．また，太平洋と大西洋において感覚機能を妨害したサケの行動を追跡する実験も行われてきた（Døving *et al.*, 1985; Yano & Nakamura, 1992; Hansen *et al.*, 1993; Yano *et al.*, 1996）．これまでの研究により，大海原では日長（明け方：Dawn と夕暮れ：Dusk）を利用した太陽コンパス（Sun compass），地磁気を利用した磁気コンパス（Magnetic compass）を用いて回遊していることが示唆され，地図・コンパス説（Map and compass hypothesis）が提唱され，海流の走流性（Rheotaxis）の関与も示唆されている．ベニザケとカラフトマスは，地磁気を記銘し回帰することが報告された（Putman *et al.*, 2014）．サケは，大海原で自分のいる位置を割り出して定位（Orientation）する能力，および母国の方向を割り出し回帰する航路決定（Navigation）する能力を有していなければならない．また，サケは精度のよい生物時計（Biological clock）も有しており，大海原から母川までの回遊に要する時間，および母川の河口から産卵場までの遡上行動に要する時間を計算しなければならない．

ベーリング海から北海道沿岸までのシロザケの回遊行動

国立極地研究所の田中秀二博士と内藤靖彦教授，北海道区水産研究所の浦和茂彦博士と福若雅章博士，および米国ワシントン大学の Nancy Davis 博士との共同研究により，ベーリング海で延縄により捕獲された元気の良いシロザケを，鱗紋（魚の鱗に形成される木の年輪のような紋様）により日本系シロザケと判定し（日本系シロザケは人工ふ化放流

「Artificial salmon propagation」されているので初期の鱗紋間隔が広いため，他国の自然産卵シロザケと判別ができる），遊泳速度・水深・水温が記録できるプロペラ（魚が泳ぐとプロペラが回転して速度を解析する）付きデータロガー（リトルレオナルド社製）を27個体に装着して，ベーリング海（北緯56° 30'・東経179° 00'）において2000年7月9日に放流した．2000年9月16日に根室沿岸の定置網（北緯43° 20'・東経145° 46'）において1尾が捕獲されデータロガーが回収された．この個体は，ベーリング海から北海道沿岸までの67日間の直線距離にして2760 kmを，平均遊泳深度（10.2 ± 12.5 m），平均遊泳水温（9.2 ± 0.2℃），平均遊泳速度（0.62 ± 0.2 m）で遊泳していた．シロザケは北洋を北海道に向かって夜間は表層を，昼間は特徴的な潜水行動により索餌しながら，最短ルート（大圏コース：Great circle route）に沿い航路決定して回帰する可能性が示された（Tanaka *et al*., 2005）．

北海道区水産研究所の東屋知範博士らが，ベーリング海で捕獲したシロザケ親魚に，全磁力・魚体の傾き・水温・深度を記録できる地磁気データロガー（Star-Oddi社製）をを装着して放流し，北海道オホーツク海の雄武付近の定置網までの回遊行動を解析した．1尾は，地磁気伏角ではなく，平均全磁力の等値線に沿って回遊していることを見出した（Azumaya *et al*., 2016）．ベーリング海において産卵回遊を開始した日本のシロザケは，全磁力を利用した磁気コンパスおよび日長を利用した太陽コンパスなどを用いて，北海道に向かって最短ルートをナビゲーションして回遊していると考えられる．

洞爺湖におけるヒメマス・サクラマスの回遊行動

北洋でサケの行動を追跡するのは容易ではない．北海道さけ・ますふ化場の帰山雅秀博士（後北海道大学水産学部教授）が超音波送受信システム（Vemco社製）を用いたバイオテレメトリー手法を，洞爺湖に導入してくれた．さらに，北海道大学薬学部の栗原堅三教授および北海道大学工学部の武笠幸一教授らとの共同研究により，ヒメマス親魚の母川

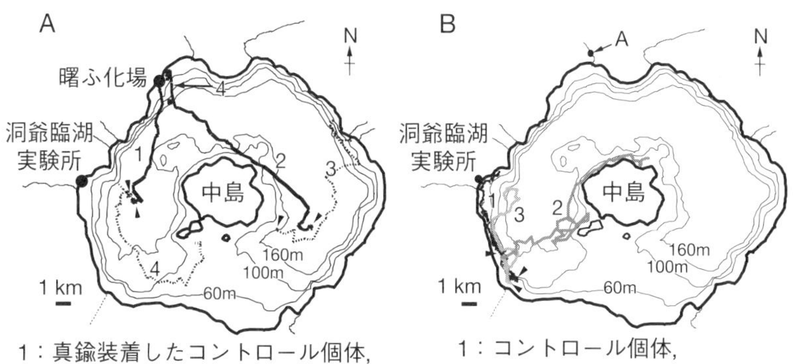

図 11　A. 洞爺湖におけるヒメマスの母川回帰行動．B. 洞爺湖におけるサクラマスの母川回帰行動．

回帰行動を追跡した．洞爺湖ヒメマスに強力な磁石を頭部に装着し磁気感覚を妨害しても生まれた孵化場まで直線的に回帰したが，網膜剥離により視覚を妨害すると方向感覚を失い孵化場まで回帰できない個体や，視覚妨害されても孵化場まで回帰できる個体（この個体は嗅覚を用いて，母川回帰したと考えられる）が観察された（図 11A）．洞爺湖のヒメマスが視覚を用いてどのようにナビゲーションしているかは不明であるが，大海原では海中の景色により位置を判断するのは不可能であるから，太陽コンパスなどのコンパス機能を用いていると考えられる（Ueda et al., 1998）．

一方，サクラマスは沿岸沿いに河川を識別しながら回遊し，ワセリンを鼻腔に挿入され嗅覚を妨害されると沿岸から離れ，網膜剥離により視覚を妨害されると迷走することが明らかになった（図 11B）．両種の回遊行動の違いは，サケの進化と関連していると考えられる．分布域が狭い原始的なサクラマスは，視覚と嗅覚を用いて沿岸回遊していると母川にたどり着く可能性がある．一方，進化して分布域を拡大したヒメマスは，視覚を用いたコンパス機能によりナビゲーションして母川回帰する能力を獲得したと考えられる（Ueda *et al*., 2000）.

日本学術振興会の外国人特別研究員として来日したJill Leonard博士（現米国ノーザンミシガン大学教授）は，筋電図（Electromyogram：EMG）を解析できるEMG送受信システム（Lotek社製）を用いて洞爺湖に生息するサクラマスの遊泳エネルギー代謝機能に関する研究（Leonard *et al*., 2000），および洞爺湖のヒメマスとサクラマスのホルモンと筋肉酵素の季節的変化に関する研究を行った（Leonard *et al*., 2002）.

松下由紀子君が国立極地研究所の内藤靖彦教授との共同研究により，サクラマス親魚の回遊行動を水温・水深ロガデータロガー（リトルレオナルド社製）により解析した．サクラマスは産卵期が近づき，河川遡上の準備をするため湖水面（20～22℃）とは異なる河川水中（水温14～20℃）で遊泳した後，日中は温度躍層を，夜間は表層を遊泳する明瞭な日周行動を示した．この日周行動により，生物時計が機能し，遡上行動を開始するタイミングを計測していることが考えられる（松下，2001）.

地磁気と磁性物質

地球は北がS極，南がN極の大きな磁石（Magnet）であり，磁石のまわりには磁力（Magnetic force）が生じ磁場（Magnetic field）を形成する．そして地球の磁石によって生じる磁場が地磁気である．地磁気は，時間によって変化し，1日周期で規則的な変化を繰り返す．また，長期にわたってゆっくり変化（永年変化）し，地磁気のS極とN極が入れ替わる地磁気の逆転（地磁気の反転）が起き，最後の逆転は78万年前に起きたと言われている．地磁気は，大きさと方向を持つベクトル量で表される．ある場所の地磁気を表すためには，全磁力（F）・偏角（D：Fが水平面内で真北となす角度：地理的な北から見た磁気的な北の角度）・伏角（I：Fが水平面となす角度：ある地点において水平面と地磁気のベクトルとがなす角）の組み合わせが使用される（図12）．地磁気の方向は伏角と偏角，大きさは全磁力で決まる.

生物は磁性物質（Magnetite）をもっており，磁気センサーの役割を

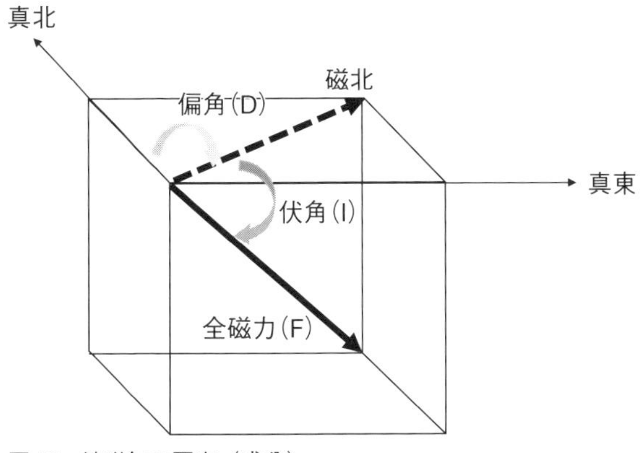

図 12　地磁気の要素（成分）.

果たしていると考えられている．磁性物質は，細菌からヒトまで存在しており，ニジマスの鼻腔にも磁性物質受容細胞（Magnetoreceptor cell）が同定され，その神経軸索が延髄に投射していることが報告されている（Walker *et al.*, 1997）．この磁性物質が大海原における地磁気を感受して，磁気コンパスを機能させていると考えられる．

バイオテレメトリー手法

バイオテレメトリーには，超音波や電波を送受信する音響送受信機によるトランスミッターシステム（Transmitter system），データロガーやアーカイバルタグなどの小型記録計を装着して回収するバイオロギングシステム（Biologging system），Radio frequency identifier（RFID）タグにより個体識別ができるピットタグシステム，ポップアップロガーを水中で切り離し水面に浮上させ人工衛星にデータを送信するサテライトシステム（Satellite system），携帯電話解析を用いて GPS（Global positioning system）測位により動物の位置情報を取得できるモバイルシステム（Mobile system）などがあり，それぞれ利点と欠点がある．トランスミッターシステムは，音響送信機（電池寿命により送信期間が決まる）を装着した魚の位置を特定し，音響受信機により船で追跡でき，定点に設置して魚の存在の有無を解析できるが，受信可能範囲が限定される（超音波は深い水中で約 500 m 受診可能だが，浅い水中では海面での音響反射により受診困難である．電波は浅い淡水で数 km まで受診可能だが，海水中では使用不可能である）．バイオロギングシステムは，多様なセンサーにより水温・推進・速度・加速度・心電図・脳波・画像などを記録でき，常時追跡しなくても良いが，回収しなければデータが全く得られない．ピットタグシステムは，ピットタグは安価で大量の魚に装着できるが，PIT タグリーダの受信範囲が最大で約 1 m 以内と短い．サテライトシステムは，ポップアップロガーが大型になり，人工衛星を利用するので，経費が高額になる．モバイルシステムは陸上動物では位置情報を正確に解析できるが，水中の魚の位置情報を解析するのは難しい．

標津川の蛇行復元によるシロザケとカラフトマスの遡上行動への影響

1997 年に河川法が改正され，治水と利水の目的に河川環境の整備と保全が追加された．国土交通省北海道開発局が，国営開拓事業と治水整備のため直線化（ショートカット）された北海道東部の標津川において，旧川の三日月湖に通水する蛇行復元工事を 2002 年に行った．牧口祐也博士（現日本大学生物資源学部助教）が，北海道栽培漁業振興公社の中尾勝哉氏と新居久也博士（北海道大学大学院水産科学研究科社会人入学）の協力を得て，この蛇行復元がシロザケとカラフトマスの遡上行動にどのような影響を与えるかを，EMG 送受信システム（Lotek 社製）により追跡調査を行い，直線部と蛇行復元部の行動を比較した．蛇行復元から 3 年目以降は，蛇行区間の流況が変化し，回復した植生や倒木部分においてシロザケとかラフマスともに 3 分以上動かない定位行動（Holding behavior）が増加した．サケにとって定位は遡上エネルギーを節約し，生殖腺の成熟にエネルギーを使用できるため重要であるため，蛇行復元による河川環境の整備と保全はサケの再生産にとって，良い影響を与えることが明らかになった（Makiguchi *et al*., 2007）.

石狩川花園頭首工の魚道におけるシロザケの遡上行動

石狩川は流路延長 268 km（全国 3 位）・流路面積 1 万 4330 km^2（全国 2 位）の大河川であり，約 100 年前までは原始河川であり，毎年のように氾濫していた．1918 年から居住地と農地の創出を目的として，治水のため蛇行部分を直線化する捷水路工事が行われた．また農業用水の取水，および水力発電を目的とした頭首工が 15 基設置されている．頭首工が設置される前は，約 170 km 上流の旭川までシロザケが遡上していたが，旧花園頭首工が設置されたため，シロザケの遡上が妨げられていた．2000 年に右岸にバーチカルスロット魚道（Vertical-slot fish ladder），2010 年に左岸にロックランプ魚道（Rock-ramp fish ladder）が設置された．国立研究開発法人寒地土木研究所の林田寿文博士（北海道大学大学院環境科学院社会人入学）が，EMG 送受信システム（Lotek 社製）を用いて，シロザケが左右の魚道を選択しどのように遡上するかの機能評価試験を行った．その結果，ロックランプ魚道はバーチカルスロット魚道と比較して容易に魚道入口に到達でき，効率的に遡上出来ることが明らかになった．また，バーチカルスロット魚道は水位変動に強く，ロックランプ魚道は土砂が堆積しづらいため，長所・短所を持つ 2 つの魚道を 1 つの河川横断工作物に設置し，機能を維持することが危機管理上重要であることが明らかになった（林田，2012）.

豊平川の床止工におけるサクラマスとシロザケの遡上行動の比較

札幌市の中心部を流れる豊平川は，勾配が急な都市型河川で，河床の洗掘を防ぐため，床止工（Groundsill）と呼ばれる河川工作物が 8 基設置されている．河川工作物はサケの遡上行動の妨げとなるため，その床止工には魚道が設置されている．2010～2011 年に三好晃治君（現北海道立総合研究機構網走水産試験場研究員）が，北海道栽培漁業振興公社の坂下　拓氏らの協力を得て，サクラマスとシロザケの床止工の魚道における遡上行動をEMG送受信システムにより比較解析した．サクラマスは経路探索に時間をかけ，遡上可能な経路を発見し，魚道を一気に遡上していた．一方，シロザケは魚道を一段遡上する毎に，長時間休息し，経路探索をほぼ行わない状態で次段へ遡上チャレンジを行い，魚道を遡上できないことが多かった．流速可変式水槽（スタミナトンネル：Stamina tunnel）を用いて，サクラマスとシロザケの遊泳能力を比較した．有酸素遊泳と無酸素遊泳の境界となる臨界遊泳速度（Critical swimming speed）を測定すると，シロザケ（0.92 m/s）に比べサクラマス（1.04 m/s）方が大きかった．また，サクラマスは遊泳速度上昇による酸素消費量の上昇割合が小さく，酸素消費量が最も少なくエネルギー効率が最も良い最適遊泳速度（Optimal swimming speed）は大きかった．サクラマスは有酸素遊泳で泳げる流速帯が広く，より長時間の高流速帯（魚道や瀬など）の遊泳が可能であることが判明した．さらに，サクラマスの基礎代謝（Basal metabolic rate）は，シロザケに比べ約半分の低い値を示した．サクラマスは春頃から産卵期の秋までの約半年という長期間，餌を食べずに河川に滞在することから，成熟・産卵期までのエネルギーロスを最小限にするため，基礎代謝が低くなったと考えられる（Miyoshi *et al.*, 2014）．

タイワンマスの台風による増水時の行動

タイワンマスは，国際自然保護連合（International Union for Conservation of Nature and Natural Resources：IUCN）が深刻な危機にある絶滅危惧種1Aに指定している希少種である．亜熱帯地域である台湾の中でも標高1800 mの雪霸（シェイパ）国立公園内の水温15℃以下の河川の最上流部にのみ生息している．その河川には約10 mの砂防ダム（Check dam）が設置されており，台風による増水時にサラマオマスが砂防ダムの下流へと流されるころが心配されていた．国立台湾海洋大学の黄沂訓准教授と雪霸国立公園の廖林彦博士からの依頼を受け，牧口祐也博士・今野義文君（現北海道栽培漁業振興公社）・李世彬君（台湾留学生）および北海道栽培漁業振興公社の中尾勝哉氏と新居久也博士と伴に，台風増水時におけるサラマオマスの行動に関する国際共同研究を行った．空中重量 1.1 g の電波発信機（nano-tag：Lotek 社製）を，体長 20～29 cm，体重 100～240 g のサラマオマスの腹腔内に装着し，河川に放流し電波受信機で行動をモニタリングした．放流後 10 日目に台風が台湾を直撃し，3 m 増水して激流となった．しかし，サラマオマスは，その増水にもかかわらず河床の転石空間（Boulder habitat）を利用してほとんど移動しなかった．サラマオマスの成魚は台風による増水時でも砂防ダムから下流へと流されないことが明らかになった（Makiguchi *et al.*, 2009a）．しかし，サラマオマスの稚魚たちの行動は不明なので，さらなる国際共同研究を行う必要がある．

産卵時のシロザケの心臓停止

シロザケの産卵行動は良く知られており，雌が探索行動（Searching behavior）により産卵場所を特定し，穴掘り行動（Nest digging behavior）により産卵床を作り，雄が求愛行動（Quivering behavior）により体を振動させて雌に産卵を促し，口開け行動（Gaping behavior）により放卵・放精を同調させて産卵し，雌が穴埋め行動（Covering behavior）により土砂をかけて 1 週間程度，産卵床を保護する（図 13）．産卵の瞬間にシロザケの心拍が 4～10 秒間停止することは広島大学の植松一眞教授により報告されていたが，どのようなメカニズムで心停止するかは不明であった．北海道大学水産学部同期である村田秀樹氏の紹介で，牧口祐也博士が大日本製薬株式会社の永田鎮也博士の指導を受け，標津サーモン科学館において心電図ロガー（リトルレオナルド社製）をシロザケに装着して産卵行動時の心電図を記録すると，雌で 7.3 秒，雄で 5.2 秒間心停止が記録された．動物の心臓は自律神経系によりコントロールされているので，副交感神経（Parasympathetic

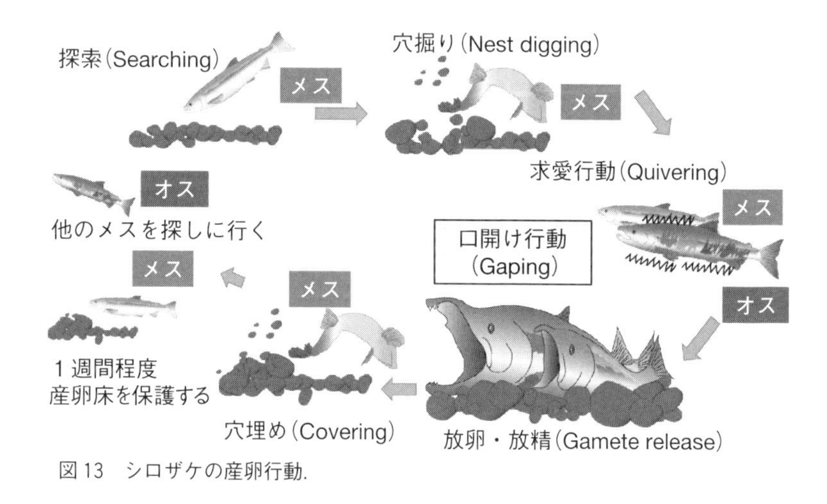

図13　シロザケの産卵行動.

nerve）抑制剤であるアトロピンを投与すると正常に口開け行動をして産卵するが心停止は観察されなかった．しかし，交換神経（Sympathetic nerve）抑制剤であるソタノールを投与しても心停止は生じたため，シロザケの心停止は副交感神経により制御されていることが明らかになった（Makiguchi et al., 2009b）．サケの産卵時の心停止は，人間における迷走神経反射（Vasovagal reflex：強い疼痛などの刺激が迷走神経求心枝を介して，脳幹血管運動中枢を刺激し，心拍数の低下などを引き起こす）に該当すると考えている．

第6章
日本のサケの現状と将来

日本の4種類の太平洋サケは，主に人工ふ化放流事業により生産され，重要な水産資源となっている．河川に回帰した親魚をふ化場において人工授精させ，ふ化場の飼育池で稚幼魚を飼育してから河川に放流し，沿岸に回帰した親魚を定置網で捕獲し，捕獲されなかった親魚を河川に設置したウライで捕獲し，ふ化場の蓄養池で成熟するまで蓄養し人工授精させる（図14）．シロザケの人工ふ化放流は，関沢明清氏が欧米から技術を学び1876年に茨城県那珂川において行ったのが最初である．その後，北海道大学の前身である札幌農学校の一期生の伊藤一隆氏が米国メイン州のBucksportふ化場においてアトキンスふ化器を考案したAtkins氏から人工ふ化放流技術を学び，1888年に石狩川水系千歳川上流の豊富な湧水を利用して千歳中央ふ化場（現千歳ふ化場）を建設してから，シロザケの人工ふ化放流が本格化した．シロザケの人工ふ化放流技術の開発に関わった数多くの研究者・技術者らのふ化場関係者の弛まぬ努力により，河川に回帰した親魚の捕獲・蓄養，採卵・受精，ふ化仔魚および稚魚の飼育・放流技術が改良された（野川，2010）．シロザケ稚魚は，給餌飼育により尾叉長5 cm・体重1 g以上になる適サイズまで飼育し，沿岸の表面水温が5～13℃（7～11℃という説もある）になる時期を目安に放流する適期放流が行われている（関，2013）．現在，シロザケ増殖河川およびふ化場は，本州日本海側では石川県の手取川，太平洋側では茨城県の利根川から北の131か所，北海道では130か所におよんでいる（上田，2015）．

日本のサケの現状

カラフトマス

カラフトマスは来遊数が奇数年と偶数年で大きく変動する特徴があるが，なぜそのように変動するかは分かっていない．1980年代までは，1500万～1.4億尾の稚魚を放流し，30万～280万尾の親魚が沿岸と河川で捕獲され（来遊と言う），回帰率は約2%であった．1990年代から約1.4億尾の稚魚を放流し，800万尾前後の親魚が来遊し，回帰率は約

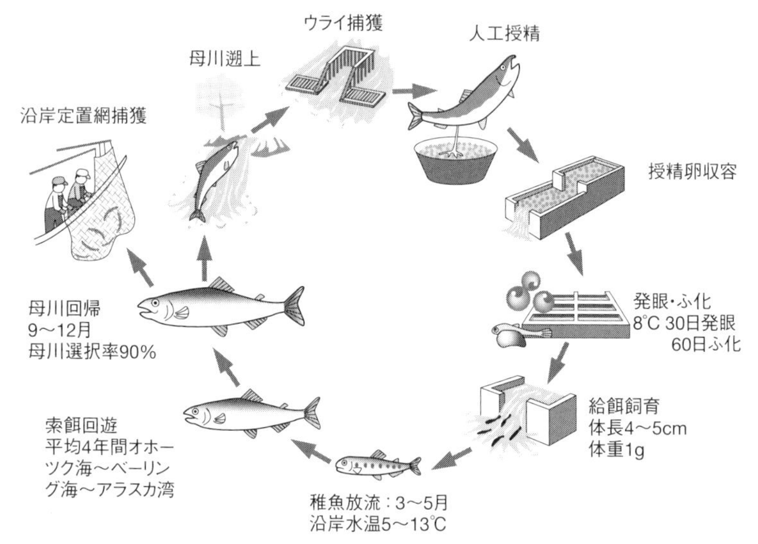

図 14　シロザケの人工ふ化放流事業.

5%に増加した. 親魚の来遊数は 1996 年に過去最高の 1900 万尾となり, 回帰率 16.2%を記録した. その後, 稚魚の放流数は変化しないのに, 親魚の来遊数は奇数年が平均 1200 万尾, 偶数年が平均 650 万尾と大きく変動し, 2010 年以降は稚魚の放流数および親魚の来遊数とも減少傾向にある. カラフトマスは自然産卵 (Natural spawning) される野生魚 (Wild fish) がふ化放流魚 (Hatchery fish) に比べて多く, 自然産卵と気候変動が資源変動に大きく関与している報告もある (Morita *et al*., 2006). また, 年ごとに他河川に回帰する迷入率が, 47〜99%と大きく変動すると報告されている (藤原, 2011). 今後, さらなるふ化放流による資源評価の調査, および迷入の広域的な調査が必要である.

シロザケ

1960 年代までは, 5 億万尾前後の稚魚を放流し, 500 万尾前後の親魚が来遊し, 回帰率は 1%程度であった. 1970 年後半から 1990 年代にかけて, 適サイズ・適期放流と言う人工ふ化放流技術の進歩および北太平

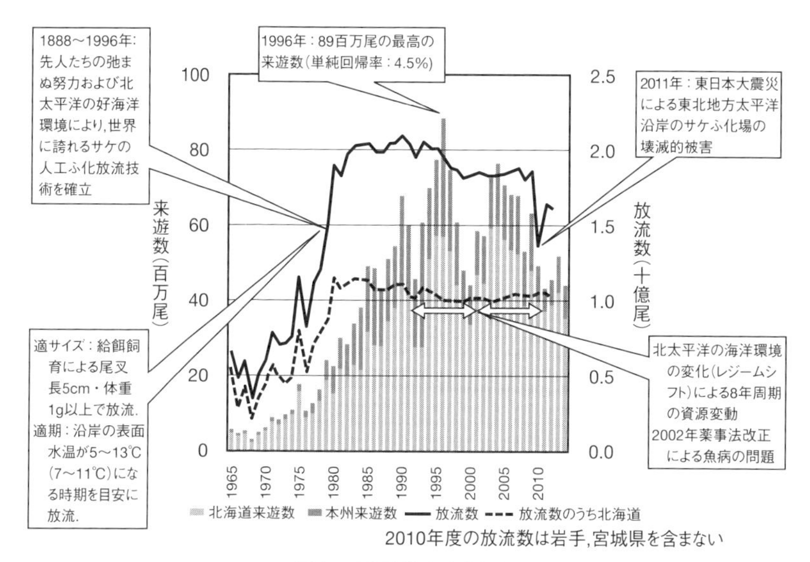

国立研究開発法人水産総合研究センター北海道区水産研究所
http://salmon.fra.affrc.go.jp/zousyoku/ok_rel.gif

図 15　日本のシロザケ親魚の沿岸来遊数と稚魚の人工孵化放流数．
国立研究開発法人水産総合研究センター北海道区水産研究所ホームページ（http://salmon.fra.affrc.go.jp/zousyoku/kakkoku/kakkoku.htm）．

洋のサケにとって好適な環境により稚魚の放流数は20億尾に増加し，親魚の来遊数は1996年に最高の8900万尾となり，回帰率4.5%を記録した．しかし，その後はシロザケ稚魚の放流数は約18億尾程度とほぼ一定であるのに，親魚の回帰数が約8年周期で増減する傾向が認められるようになった．さらに，近年では減少傾向が続き，5000万尾前後と低迷している（図15）．特に，2011年の東日本大震災により稚魚の放流数は約12億尾に減少した．2015年には約17.5億尾まで回復したが，今後の親魚の回帰数の推移がどのようになるか心配されている．

ベニザケ

1900年ごろに釧路湾でベニザケ親魚が確認されてから，日本ではベニザケ親魚は確認されていなかった．北海道区水産研究所が，1966年から北海道の3水系（安平川・静内川・釧路川）において，支笏湖産ヒメマスの稚魚をふ化場で16か月（1歳魚春）給餌飼育して作出したスモルトの放流を行っている．20～200万尾のスモルトが放流され，1971年に2800尾，1991年に5300尾の親魚が河川で捕獲された．しかし，回帰率は0.2％とカラフトマス・シロザケに比べて低い．近年では200～1000尾程度の親魚が捕獲されているが，年変動が大きい．

サクラマス

ふ化場で4か月（0歳魚春），10か月（0歳魚秋），および16か月（1歳魚春）給餌飼育された稚幼魚が，それぞれの時期に河川に放流されるが，1歳魚春に放流された幼魚の回帰率が最も高いことが報告されている（真山，1992）．しかし，ベニザケと同じくカラフトマス・シロザケに比べて飼育期間が長いので，給餌費用が高額になり，大規模な飼育地が必要になる．近年では約1200～1800万尾の稚幼魚が放流され5000～1万5000尾の親魚が河川で捕獲され，回帰率は0.4～0.8％であるが，変動が非常に大きい．親魚の河川捕獲数は，2008年に2万4619尾と過去最高を記録したが，それ以後は減少傾向にある．

高回帰性サケ創出プロジェクト

国立研究開発法人科学技術振興機構（JST）が，2011年3月11日の東日本大震災により壊滅的な被害を受けた東北地方太平洋沿岸の水産業を復興させるため公募した産学共創「水産加工サプライチェーン復興に向けた革新的基盤技術の創出」に，「東北地方の高回帰性サケ創出プロジェクト」を応募し，採択された．2012年7月～2015年3月に，①サクラマスの陸上養殖に関する技術開発・試験研究，②サケの高回帰性に関する試験研究，③サケの利用促進に関する調査研究，を実行した．それぞれの成果については「三陸のサケ：復興のシンボル」（上田，2015）を参照していただきたい．

サケの高回帰性に関する試験研究では，シロザケ稚魚は降河回遊時に

BPT系ホルモンが活性化して，NMDA受容体を活性化させ，母川水のニオイが記銘されることを応用した実験をサクラマスで行った．細胞機能を向上させることが報告されているT4（Yamaguchi *et al*., 2012），NMDA受容体アゴニストのNMDA（Nakamori *et al*., 2013），および神経機能を向上させることが知られているドコサヘキサエン酸（Docosahexaenoic acid：DHA）（Hiratsuka *et al*., 2009）を含むオメガ3（ω3：α-リノレン酸・エイコサペンタエン酸・DHAを含むω3位に炭素－炭素二重結合を持つ脂肪酸）を，北海道大学水産学部の同期生である高橋是太郎教授，岩手県下安家漁業協同組合の島川良英組合長，岩手県内水面水産技術センターの高橋憲明氏，さけます・内水面試験場の小出展久・三坂尚行氏らの協力を得て，下安家ふ化場のサクラマスのスモルトに経口投与した．片山直紀君がBPT系ホルモン（TRHa・TRHb・TSHβ・T4）およびNR1がどのように変化するかを調べた．T4（2 mg/g飼料）とNMDA（10 mM/g飼料）は1回，ω3（5%）は1週間経口投与した．その結果，T4・ω3・NMDA投与群において対照群よりNR1とTRHa遺伝子発現量が増加したが，TRHb遺伝子はT4投与群のみ増加しなかった．TSHβ遺伝子発現量と血中T4量は，ω3とNMDA投与群では対照群と差がなかったが，T4投与群ではTSHβ遺伝子発現量が減少し，血中T4量が増加した．

生理活性物質の経口投与により，母川記銘能に関与するTRH・NR1遺伝子発現量が上昇したことにより，新居久也博士らによりω3を経口投与したサクラマススモルトにピットタグを腹腔内に装着し，安家川から2013年5月10日（新月）に1500尾，2014年3月31日（新月）に1274尾，2015年3月20日（新月）に1174尾を放流した．さらに，林田寿文博士らにより2014年5月にはピットタグリーダを下安家ふ化場に設置し，サクラマス親魚の回帰を，田中三次郎商店の田中智一朗氏らの協力を得て自動受信できる体制を整えた．残念ながら予算の関係で，ピットタグを装着したコントロール群を作成できなかった．岩手県内水面水産技術センターが，1996～2004年に行った安家川へのサクラマスの鰭切りとリボンタグ標識放流による回帰率調査では，親魚の回帰率は

0.001～0.118％と非常に低い（大友ら，2006）．ω3経口投与サクラマス親魚の安家川への回帰は，2013年放流群は2014年8月10日～10月16日に6尾（0.4％），2014年放流群は2014年9月10日～10月5日に5尾と2015年4月5日～2016年1月20日に10尾（1.117％），および2015年放流群は途中経過であるが2015年9月19日～2016年8月18日に7尾（0.596％）であった．サクラマスのスモルトに放流前1週間，ω3を餌に混ぜて経口投与するとともに3月の新月の夜に放流することにより，母川記銘能を向上させ，親魚の回帰率を少なくとも4倍以上高めることが確認された．親魚の回帰率が向上した理由については，今後さらなる研究が必要であるが，母川記銘能が向上したことにより他河川への迷入が減少すること，およびω3の細胞膜における物質透過性を向上させ海水適応能力を高めることなどが考えられる．

日本のサケの将来

日本のサケの人工ふ化放流技術は，適サイズ・適期放流により完成したと考えられていた．しかし，近年では我国の4種の太平洋サケは，稚幼魚の放流数は大きく変化していないのに，親魚の来遊数・河川捕獲数は何れも減少傾向にある．北海道区水産研究所および北海道・岩手県のサケ研究者らが中心となり，北海道と岩手県のふ化場から様々な飼育条件下で飼育・放流されるシロザケ稚魚に耳石温度標識（発眼卵や仔魚期に水温を2～5℃低下させ耳石の日周輪にバーコードを形成させ放流したふ化場を特定する：Otolith thermal marking）し，親魚の回帰率を調査する「シロザケ資源回帰率向上調査」を開始しており，その調査結果によりシロザケ資源の減少要因が解明され，各ふ化場におけるもっとも親魚の回帰率が高い稚魚の放流法が提案されることが期待される．

自然産卵される野生サケ（Wild salmon）がサケ資源に与える影響も注目されている．豊平川はシロザケが遡上していたが，1950年ごろに河川環境が悪化してシロザケが遡上しなくなった．1978年から我国初めての河川環境を復元させる市民運動である「カムバックサーモン運動」が開始された．札幌市民らが河川環境を改善するとともにふ化場産のシロザケ稚魚を放流することにより親魚が回帰して自然産卵する河川となっている．2014年からふ化場サケ（Hatchery salmon）ではなく野生サケを優先的に保全しようとする札幌ワイルドサーモンプロジェクト（Sapporo wild salmon project）が開始された．しかし，シロザケ稚魚の人工ふ化放流による生存率（Survival rate）は80％以上であるのに対して，自然産卵の場合は約20％程度であると推定されている（森田ら，2013）．今後，ふ化場サケと野生サケを有効利用したサケ資源管理手法の導入が期待される．

日本の水産資源は，海の中を泳いでいる時には誰の所有にも属しておらず，漁獲されることによって初めて人の所有下におかれるという性質（無主物性：Ownerless properties）を有している．そのため漁業協同組合関係者のみに漁業権が都道府県知事から免許され漁業を営んでいる．日本のシロザケの増殖計画策定および定置網の漁獲管理などの資源管理措置は，道県あるいはその中の地域単位で実施されている．この資源管理の基礎となる地域単位ごとの親魚の来遊数は，沿岸漁獲魚の起源が当該地域の河川であるという前提で計算されている．しかし，これまでの親魚標識放流や沿岸漁獲魚における耳石温度標識の確認から，沿岸漁獲魚には当該地域以外から放流された魚が，最大で約70％の割合で含まれることが報告されている（高橋，2009）．今後，地域単位の来遊数をより正しく評価するためには，漁獲された親魚の起源がどこであるかを推定することが必要であり，その推定作業に必要な生物学的知見を蓄積していくことが重要である（斎藤，2016）．

国際的には，北太平洋溯河性魚類委員会（North Pacific Anadromous Fish Commission：NPAFC）が，北太平洋の条約水域（沿岸国の200海里水域（排他的経済水域）を除く，北緯33度以北の北太平洋とその周辺海域の公海）における溯河性魚類（太平洋サケとスチールヘッド）の系群保全のための条約によって設立された政府間組織で，カナダ・日本・韓国・ロシア・米国の5か国が加盟している．保全措置として，①溯河性魚類の漁獲禁止（科学調査のため承認された漁獲を除く），②可能な限り溯河性魚類の混獲の削減，③他の魚類の漁獲を目的とする漁船が溯河性魚類を偶然漁獲した場合，これの保有を禁止，を5か国の協力体制により漁業取締および科学調査が行われている．これらの措置により，太平洋サケとスチールヘッドが5か国の母川に回帰することを可能にし，5か国は漁獲管理および保護という投資の成果を享受できる．

北日本の各ふ化場から放流されたシロザケが，親魚（秋サケ・秋味）となって各ふ化場の沿岸で主に漁獲されるのは，主に9～11月でありその時期に市場で販売される．一方，ロシア起源と言われているシロザケが日本近海を索餌回遊している春～初夏に漁獲されるとトキシラズ（時不知・時鮭）と呼ばれる．中でもアムール川起源と推察されるシロザケで翌年に成熟するものが夏～秋に漁獲されると，ケイジ（鮭児）と呼ばれ珍重されている．また，本州日本海側に回帰するシロザケが，オホーツク海で漁獲されると，成熟がすすんでおらずメジカ（目近）と呼ばれる．このように国内外の他地域のふ化場から放流または自然産卵により河川より降河したシロザケ稚魚が，索餌回遊中および産卵回遊中に北海道沿岸で漁獲される質の良いシロザケ親魚にはブランド名が付けられ販売されている．シロザケの人工ふ化放流事業を行っている北海道および太平洋側各県（青森県・岩手県・宮城県・福島県・茨城県）と日本海側各県（青森県・秋田県・山形県・新潟県・富山県・石川県）の稚魚の生産地と親魚の漁獲地が明確になれば，稚魚を生産・放流する地域と親魚を漁獲する地域が連携して効率的な人工ふ化放流事業を行っていくと可能になる．

日本のサケ資源を造成しているふ化場における稚幼魚の健苗性を向上させ，母川記銘能を強化することにより，サケ資源を安定的に回帰させることが可能になると考えている．①飼育密度を減らして，飼育によるストレスを軽減する．②飼育池の止水部分を無くすように楕円形として，稚幼魚の運動能力を高める．③原虫病などの魚病を発病させないようにハーブ含有餌料を給餌する．④放流前1週間にω3配合飼料を給餌し，新月の夜に放流する．⑤稚幼魚をふ化場の出水口から直接放流し，親魚がその出水口に直接回帰して，蓄養池に入れるように放流・捕獲方法を改良する．しかし，北日本に約 260 あるふ化場の飼育能力（飼育水量・飼育池・飼育人員など）は，各ふ化場で異なっており，各ふ化場の実情に配慮した改良方法の検討することが必要である．

おわりに

日本のシロザケは，ふ化場で給餌飼育されて稚魚が適サイズになり，春に沿岸の海水温を目安とした適期に母川に放流される．放流直後にBPT系ホルモンが活性化し，嗅覚により母川のDFAA組成を記銘する．そのニオイ情報は長期記憶増強により保持され，降河回遊中に新しい川に遭遇するとそのDFAA酸組成を識別して海に出る．北日本沿岸を回遊して，オホーツク海～ベーリング海～アラスカ湾までの1万キロ以上の餌を求める大回遊を行って体重3～4 kgまで成長する．ベーリング海においてBPG系ホルモンが活性化し，大海原においてコンパス・地図・生物時計を用いて最短距離を割り出して沿岸まで回遊し，沿岸の定置網で漁獲され重要な水産資源として利用される．漁獲されなかった運の良い親魚は，嗅覚により長期記憶増強により保持されていた母川のDFAA組成を想起して98%の精度で母川回帰し，秋にふ化場において人工授精が行われるサイクルを繰り返す．日本のサケの人工ふ化放流技術は，約130年前に欧米から学び，先人たちの弛まぬ努力により日本独自の人工ふ化放流事業として改良・発展させてきた世界に誇れる技術である．これまでに解明されたサケ稚幼魚の母川記銘および親魚の母川回帰のメカニズムに関する新知見を，人工ふ化放流事業に積極的に応用することにより，日本の重要なサケ資源を将来的に安定的に漁獲することができると確信している．

ニホンウナギは，マリアナ海溝付近で生まれて日本の河川に遡上して成長し，産卵のためマリアナ海溝付近に回帰する（塚本，2012）．ウナギがどのような感覚機能を用いてマリアナ海溝付近まで回帰するかはよく分かっていない．しかし，ウナギはイヌにも負けない鋭敏な嗅覚感度を持っていることが知られている（庄司，2003）．私が北海道大学水産学部淡水増殖学講座4年目の時に，山本喜一郎先生と山内晧平先生が世界で初めて，ニホンウナギ雌にシロザケ下垂体の懸濁物を投与して性成熟させ，仔魚の人工ふ化に成功された（Yamamoto & Yamauchi, 1974）．サケとウナギは生まれた場所と成長する場所は全く逆であるが（図 4），サケとウナギが生まれた場所へ回帰する機能は共通している可能性があると考えている．ニホンウナギのマリアナ海溝付近の産卵場には特別のニオイがあり，それに導かれて産卵しているのではと想像される．海を回遊するトラフグなども産卵場はほぼ決まった海域であると言われている．閉鎖系である河川と異なり開放系の海域のニオイとはどのような成分なのか今後の研究により解明されることを期待している．

私がサケの研究を 40 年間行ってくることができたのは，数多くの良き恩師のお蔭である．北海道大学水産学部時代の山本喜一郎先生，北海道大学大学院水産学研究科時代の高橋裕哉先生，基礎生物学研究所時代の長濱嘉孝先生，北海道大学洞爺臨湖実験所時代の山内晧平先生に，心より感謝申し上げます．また，水産学の分野に職がなかった時に産業医科大学に推薦していただいた九州大学の内田照章先生，産業医科大学の藤本　淳先生，米国留学時代のウースター実験生物学研究所の Peter Hall 先生とノースカロライナ大学の Abraham Kierszenbaum 先生，および北海道大学へ呼び戻してくれた原　彰彦先生に，深く感謝申し上げます．さらに，文中に記した数多くの良き共同研究者，先輩，および私の研究室で寝食を忘れてサケ研究を行ってくれた優れた学生・大学院生がいなければ，太平洋サケの母川記銘・回帰機構に関する研究は行うことが出来なかった．

私の子供のころのサケの思い出は，父　上田明一が毎年秋に，石狩の鼻まがりの秋味（雄シロザケ）を旭川の曾祖母　尾崎いとに送ることであった．私がサケの生理学的研究を行うようになったのは，父の影響である．北海道大学農学部の犬養哲夫先生の門下生であった父は，林業試験場（現森林総合研究所）北海道支場野鼠研究室において，エゾヤチネズミの発生予察並びにその駆除法に関する研究を行っていた．私は高校生時代に，エゾヤチネズミのフィールド調査を手伝い，トラップにかかったエゾヤチネズミをホルマリン漬けにして，生殖腺重量を測定した．

父に何という学問なのかと尋ねたところ，「生殖腺重量によりエゾヤチネズミの発生予察ができる生態学だ」と言われた．その時のホルマリン漬けネズミを解剖した経験がトラウマとなって，温かい血に触れることができなくなり，学生時代から生態学は全く勉強しなかった．しかし，研究自体には強く惹かれ，冷たい血が流れるサケの生理学研究を志した．また，母　昌子，妻　恵子，子供たち　雄一・好希とその家族の協力がなければ，私の研究は行えなかった．

良き恩師・共同研究者・先輩・後輩・学生・友人・家族に恵まれ，サケの研究を40年間も行ってこられたのは，本当に幸せであった．その研究の原動力は，サケの秘められた驚異的な謎に魅せられ，サケが好きになったためだと思う．また，頭部を採集した後のサケの魚体は，残らず美味しくいただいた．自分の研究材料をサンプリング後に食べられるのはすごく幸せである．体重1gで母川に下った後は，養殖のように人が餌を与えなくとも，自分の力で餌を求めて索餌回遊を行い，体重3～4kgになるまで3000～4000倍にも成長して母川回帰する，夢のような魚である．21世紀の科学のフロンティアは，脳・海・宇宙であると言われている．宇宙の研究は難しいが，脳と海の最前線の研究はサケを材料に行うことが出来る．「サケの記憶：生まれた川に帰る不思議」を解明してきた様々な研究および用いた研究手法が，今後のサケ研究に役立つことを願っている．また，若い人々がサケに興味を持ってくれ，サケ研究を行いたいと思ってくれることを期待している．

最後に，この本を出版する機会を与えてくれた，北海道大学水産学部同期の窪寺恒己博士（現国立科学博物館名誉館員・名誉研究員），および東海大学出版部の稲　英史氏に，記してお礼申し上げる．

参考文献

Alioto, T.S. & Ngai, J. 2005. The odorant receptor repertoire of teleost fish. *BMC Genomics*, 6: 173.

Amano, M., Urano, A. & Aida, K. 1997. Distribution and function of gonadotropin-releasing hormone (GnRH) in the teleost brain. *Zoological Science*, 14: 1-11.

Azumaya, T., Sato, S., Urawa, H. & Nagasawa, T. 2016. Magnetic force experienced by chum salmon (*Oncorhynchus keta*) from the central Bering Sea to the coast of Hokkaido, Japan. *North Pacific Anadromous Fish Commission Bulletin* (in press).

Bandoh, H., Kida, I. & Ueda, H. 2011. Olfactory responses to natal stream water in sockeye salmon by BOLD fMRI. *PLoS ONE*, 6: e16051.

Bett, N.N. & Hinch, S.G. 2015. Olfactory navigation during spawning migrations: a review and introduction of the hierarchical navigation hypothesis. *Biological Review*, 12191.

Björnsson, B.T., Einarsdottir, I.E. & Power, D. 2012. Is salmon smoltification an example of vertebrate metamorphosis? Lessons learnt from work on flatfish larval development. *Aquaculture*, 363-363: 264-272.

Brim, B.L., Haskell, R., Awedikian, R., Ellinwood, N.M., Jin, E., Kumar, A., Foster, T.C. & Magnusson, K.R. 2013. Memory in aged mice is rescued by enhanced expression of the GluN2B subunit of the NMDA receptor. *Behavioural Brain Research*, 238: 211-226.

Chen, E.Y., Leonard, J.B.K. & Ueda, H. 2016. The behavioural homing response of adult chum salmon Oncorhynchus keta to amino acid profiles. *Journal of Fish Biology*, in press.

Crawford, S.S. & Muir, A.M. 2008. Global introductions of salmon and trout in the genus *Oncorhynchus*: 1870-2007. *Review of Fish Biology and Fisheries*, 18: 313-344.

Dittman, A.H., Quinn, T.P. & Nevitt, G.A. 1996. Timing of imprinting to natural and artificial odors by coho salmon (*Oncorhynchus kisutch*). *Canadian Journal of Fisheries and Aquatic Sciences*, 53: 434-442.

Dittman, A.H., Quinn, T.P., Nevitt, G.A., Hacker, B. & Storm, D.R. 1977. Sensitization of olfactory guanylyl cyclase to a specific imprinted odorant in

coho salmon. *Neuron*, 19: 381-389.
Døving, K.B., Westerberg, H. & Johnsen, P.B. 1985. Role of olfaction in the behavioral and neuronal responses of Atlantic salmon, *Salmo salar*, to hydrographic stratification. *Canadian Journal of Fisheries and Aquatic Sciences*, 42: 1658-1667.
福澤博明．2016．サケの母川回帰精度について．SALMON 情報，10: 16-19.
藤原　真．2011．カラフトマスの放流効果は？　北水試だより，82: 17-19.
郷　康広，2008. 環境と会話して変化するやわらかなゲノム．生命誌ジャーナル2008年春 http://www.brh.co.jp/seimeishi/journal/060/research_11.html
Gorbman, A. & Bern, H.A. 1962. The textbook of comparative endocrinology. Wiley & Sons, New York. 468pp.
Grau, E.G., Dickhoff, W.W., Nishioka, R.S., Bern, H.A. & Folmar, L.C. 1981. Lunar phasing of the thyroxine surge preparatory to seaward migration of salmonid fish. *Science*, 211: 607-609.
Hara, T.J. 1970. An electrophysiological basis for olfactory discrimination in homing salmon: a review. *Journal of Fisheries Research Board of Canada*, 27: 565-586.
Hara, T.J., Ueda, K. & Gorbman, A. 1965. Electroencephalographic studies of homing salmon. *Science*, 149: 884-885.
Haraguchi, S., Yamamoto, Y., Suzuki, Y., Change, J.H., Koyama, T., Sato, M., Mita, M., Ueda, H. & Tsutsui, K. 2015. 7α-Hydroxypregnenolone, a key neuronal modulator of locomotion, stimulates upstream migration by means of the dopaminergic system in salmon. *Scientific Reports*, 5: 12546.
Harden-Jones, F.R. 1968. Fish Migration. Arnold Press, London. 325pp.
Hasler, A.D. & Wisby, W.J. 1951. Discrimination of stream odors by fishes and relation to parent stream behavior. *American Naturalist*, 85: 223-238.
Hasler, A.D. & Scholz, A.T. 1983. Olfactory imprinting and homing in salmon. Springer-Verlag. New York. 134pp.
Hansen, L.P., Jonsson, N. & Jonsson, B. 1993. Oceanic migration in homing Atlantic salmon. *Animal Behaviour*, 45: 927-941.
林田寿文．2012．Physiological and behavioral studies on functional evaluation of fish passage during upstream migration of Pacific salmon（太平洋サケの遡上行動時における魚道の機能評価に関する生理・行動学的研究）．北海道大学大学院環境科学院博士論文.
Hino, H., Iwai, T., Yamashita, M. & Ueda, H. 2007. Identification of an olfactory imprinting-related gene in the lacustrine sockeye salmon, *Oncorhynchus*

nerka. *Aquaculture*, 273: 200-208.

Hiratsuka, S., Koizumi, K., Ooba, T. & Yokogoshi, H. 2009. Effects of dietary docosahexaenoic acid connecting phospholipids on the learning ability and fatty acid composition of the brain. *Journal of Nutritional Science and Vitaminology*, 55: 374-380.

堀尾奈央 & 東原和成. 2015. 嗅覚とホルモン. 医学のあゆみ, 254: 503-507.

Hussey, N.E., Kessel, S.T., Aarestrup, K., Cook, S.J., Cowley, P.D., Fisk, A.T., Harcourt, R.G., Holland, K.N., Iverson, S.J., Kocik, J.F., Flemming, J.E.M. & Whoriskey, F.G. 2015. Aquatic animal telemetry: a panoramic window into the underwater world. *Science*, 348: 1255642.

Ileva, N.Y., Shibata, H., Satoh, F., Sasa, K. & Ueda, H. 2009. Relationship between the riverine nitrate-nitrogen concentration and the land use in the Teshio River watershed, North Japan. *Sustainability Science*, 4: 189-198.

Ishizawa, S., Yamamoto, Y., Denboh, T. & Ueda, H. 2010. Release of dissolved free amino acids from biofilms in stream water. *Fisheries Science*, 76: 669-676.

Iwata, M., Tsuboi, H., Yamashita, T., Amemiya, A., Yamada, H. & Chiba, H. 2003. Function and trigger of thyroxine surge in migration chum salmon *Oncorhynchus keta* fry. *Aquaculture*, 222: 315-329.

Kaeriyama, M. & Ueda, H. 1998. Life history strategy and migration pattern of juvenile sockeye (*Oncorhynchus nerka*) and chum salmon (*O. keta*) in Japan: a review. *North Pacific Anadromous Fish Commission Bulletin*, 1: 163-171.

Kage, T., Takeda, H., Yasuda, T., Maruyama, K., Yamamoto, N., Yoshimoto, M., Araki, K., Inohaya, K., Okamoto, H., Yasumasu, S., Watanabe, K., Ito, H. & Ishikawa, Y. 2004. Morphogenesis and regionalization of the medaka embryonic brain. *Journal of Comparative Neurology*, 476: 219-239.

Kaneko, T., Watanabe, S. & Lee, K.M. 2008. Functional morphology of mitochondrion-rich cells in euroyhaline and stenohaline teleosts. *Aqua-Bioscience Monogram*, 1: 1-62.

Kitahashi, T., Sato, A., Alok, D., Kaeriyama, M., Zohar, Y., Yamauchi, K., Urano, A. & Ueda, H. 1998. Gonadotropin-releasing hormone analog and sex steroids shorten homing duration of sockeye salmon in Lake Shikotsu. *Zoological Science*, 15: 767-771.

Kudo, H., Hyodo, S., Ueda, H., Hiroi, O., Aida, K., Urano, A. & Yamauchi, K. 1996. Cytophysiological changes in salmon gonadotropin-releasing hormone neurons in chum salmon (*Oncorhynchus keta*) forebrain during

upstream migration. *Cell and Tissue Research*, 284: 261-267.
Kudo, H., Ueda, H., Mochida, K., Adachi, S., Hara, A., Nagasawa, H., Doi, Y., Fujimoto, S. & Yamauchi, K. 1999. Salmonid olfactory system-specific protein (N24) exhibits glutathione S-transferase class pi-like structure. *Journal of Neurochemistry*, 72: 1344-1352.
Kudo, H., Shinto, M., Sakurai, Y. & Kaeriyama, M. 2009. Morphometry of olfactory lamellae and olfactory receptor neurons during the life history of chum salmon (*Oncorhynchus keta*). *Chemical Senses*, 34: 617-624.
国際協力事業団. 1991. 技術移転手法に関する調査研究：水産養殖（チリ）. プロジェクト方式技術協力活動事例シリーズ, 48: 1-95.
Leonard, J.B.K., Leonard. D., Ueda, H. 2000. Active metabolic rate of masu salmon determined by respirometry. *Fisheries Science*, 66: 481-484.
Leonard, J.B.K., Iwata, M., Ueda, H. 2002. Seasonal changes of hormones and muscle enzymes in adult lacustrine masu (*Oncorhynchus masou*) and sockeye salmon (*O. nerka*). *Fish Physiology and Biochemistry*, 25: 153-163.
Lopez, F.J., Donoso, A.O., Negro-Vilar, A., 1992. Endogenous excitatory amino acids and glutamate receptor subtypes involved in the control of hypothalamic luteinizing hormone-releasing hormone secretion. *Endocrinology*, 130: 1986-1992.
Lorenz, K. 1949. King Solomon's Ring. (Translated by Wilson, M.K. in 1961, Methuen, London. 202pp.).
Makiguchi, Y., Nii, H., Nakao, K. & Ueda, H. 2007. Upstream migration of adult chum and pink salmon in the Shibetsu River. *Hydrobiologia*, 582: 43-53.
Makiguchi, Y., Liao, L.Y., Konno, Y., Nii, H., Nakao, K., Gwo, J.C., Onozato, H., Huang, Y.S. & Ueda, H. 2009a. Site fidelity and habitat use of Formosan landlocked salmon (*Oncorhynchus masou formosanus*) during typhoon season in the Chichiawan stream, Taiwan assessed by nano-tag radio telemetry. *Zoological Studies*, 48: 460-467.
Makiguchi, Y., Nagata, S., Kojima, T., Ichimura, M., Konno, Y., Murata, H. & Ueda, H. 2009b. Cardiac arrest during gamete release in chum salmon regulated by the parasympathetic nerve system. *PLoS ONE*, 4: e5993.
松下由紀子. 2001. マイクロデータロガーによる降湖型サクラマスの産卵回遊行動解析. 北海道大学大学院水産科学研究科　修士論文.
真山　紘. 1992. サクラマス *Oncorhynchus masou* (Brevoort) の淡水域の生活および資源培養に関する研究. 北海道さけ・ますふ化場研究報告, 46: 1-156.

McCormick, S.D. 2009. Evolution of the hormonal control of animal performance: Insights from the seaward migration of salmon. *Integrative Comparative Biology*, 49: 408-422.

McDowall, R.M. 1994. The origins of New Zealand's chinook salmon, *Oncorhynchus tshawytscha*. *Marine Fisheries Review*, 56: 1-7.

Miyoshi, K., Hayashida, K., Sakashita, T., Fujii, M., Nii, H., Nakao, K. & Ueda, H. 2014. Comparison of the swimming ability and upstream-migration behavior between chum salmon and masu salmon. *Canadian Journal of Fisheries and Aquatic Sciences*, 71: 217-225.

Morinishi, F., Shiga, T., Suzuki, N. & Ueda, H. 2007. Cloning and characterization of an odorant receptor in five Pacific salmon. *Comparative Biochemistry and Physiology Part B*, 148: 329-336.

Morita, K., Morita, H.S. & Fukuwaka, M. 2006. Population dynamics of Japanese pink salmon (*Oncorhynchus gorbuscha*): are recent increases explained by hatchery programs or climatic variations? *Canadian Journal of Fisheries and Aquatic Sciences*, 63: 55-62.

森田健太郎，平間美信，宮内康行，高橋悟，大貫努，大熊一正．2013．北海道千歳川におけるサケの自然再生産効率．*Nippon Suisan Gakkaishi*, 79: 718-720.

Murata, S., Takasaki, N., Saitoh, M. & Okada, N. 1993. Determination of the phylogenetic relationships among Pacific salmonids by using short interspersed elements (SINEs) as temporal landmarks of evolution. *Proceedings of National Academy of Science USA*, 90: 6995-6999.

Nakabo, T., Nakayama, K., Muto, N. & Miyazawa, M. 2011. *Oncorhynchus kawamurae* "Kunimasu", a deepwater trout, discovered in Lake Saiko, 70 years after extinction in the original habitat, Lake Tazawa, Japan. *Ichthyological Research*, 58: 180-183.

Nakamori, T., Maekawa, F., Sato, K., Tanaka, K. & Ohki-Hamazaki, H. 2013. Neural basis of imprinting behavior in chicks. *Development, Growth & Differentiation*, 55: 198-206.

Nevitt, G.A., Dittman, A.H., Quinn, T.P. & Moody, W.J. 1994. Evidence for a peripheral olfactory memory in imprinted salmon. *Proceedings of National Academy of Science USA*, 91: 4288-4292.

野川秀樹．2010．さけます類の人工ふ化放流に関する技術小史（序説）．水産技術，3: 1-8.

Nordeng, H. 1971. Is the local orientation of anadromous fishes determined by

pheromones? *Nature* 233: 411-413.
Ogura, M. & Ishida, Y. 2011. Homing behavior and vertical movements of four species of Pacific salmon (*Oncorhynchus* spp.) in the central Bering Sea. *Canadian Journal of Fisheries and Aquatic Sciences*, 52: 532-540.
Ojima, D. & Iwata, M. 2007. The relationship between thyroxine surge and onset of downstream migration in chum salmon *Oncorhynchus keta* fry. *Aquaculture*, 272: 185-193.
大友俊武，清水勇一，高橋憲明．2006．サクラマス *Oncorhynchus masou* 資源造成技術の開発について．岩手県水面水産技術センター研究報告，6: 7-13.
Palstra, A.P., Fukaya, K., Chiba, H., Dirks, R.P., Planas, J.V. & Ueda, H. 2015. The olfactory transcriptome and progression of sexual maturation in homing chum salmon *Oncorhynchus keta*. *PLoS ONE*, 10: e0137404.
Putman, N.F., Jenkins, E.S., Michielsens, C.G.J & Noakes, D.L.G. 2014. Geomagnetic imprinting predicts spatiotemporal variation in homing migration of pink and sockeye salmon. *Journal of Royal Society Interface*, 11: 20140542.
Quinn, T.P. & Groot, C. 1984. Pacific salmon (*Oncorhynchus*) migrations: orientation vs. random movement. *Canadian Journal of Fisheries and Aquatic Sciences*, 41: 1319-1324.
Quinn, T.P., Terjart, B.A. & Groot, C. 1989. Migratory orientation and vertical movements of homing adult sockeye salmon, *Oncorhynchus nerka*, in coastal waters. *Animal Behaviour*, 37: 587-599.
Rodriguez, F., Lopez, J.C., Vargas, J.P., Gomez, Y., Broglio, C. & Salas, C. 2002. Conservation of spatial memory function in the pallial forebrain of reptiles and ray-finned fishes. *Journal of Neuroscience*, 22: 2894-2903.
斎藤寿彦，平林幸弘，渡邉久爾，本多健太郎，鈴木健吾．2016．サケ（シロザケ）日本系．平成27年度国際漁業資源の現状，60: 1-8.
Sato, A., Ueda, H., Fukaya, M., Kaeriyama, M., Zohar, Y., Urano, A. & Yamauchi, K. 1997. Sexual differences in homing profiles and shortening of homing duration by gonadotropin-releasing hormone analog implantation in lacustrine sockeye salmon (*Oncorhynchus nerka*) in Lake Shikotsu. *Zoological Science*, 14: 1009-1014.
Sato, K., Shoji, T. & Ueda, H. 2000. Olfactory discriminating ability of lacustrine sockeye and masu salmon in various freshwaters. *Zoological Science*, 17: 313-317.

関　二郎．2013．さけます類の人工ふ化放流に関する技術小史（放流編）．水産技術，6: 69-82.

Scholz, A.T., Horrall, R.M. & Hasler, A.D. 1976. Imprinting to chemical cues: the basis for home stream selection in salmon. *Science*, 192: 1247-1249.

Shimizu, M., Kudo, H., Ueda, H., Hara, A., Shimazaki, M. & Yamauchi, K. 1993. Identification and immunological properties of an olfactory system-specific protein in kokanee salmon (*Oncorhynchus nerka*). *Zoological Science*, 10: 287-294.

庄司隆行．2003．魚たちの嗅覚の驚くべき能力．海のはくぶつかん，33: 2-3.

庄司隆行 & 上田　宏．2002．魚類の嗅覚受容．In: 魚類のニューロサイエンス（植松一眞，岡　良隆，伊藤博信編），77-92pp，恒星社厚生閣，東京都．

Shoji, T., Ueda, H., Ohgami, T., Sakamoto, T., Katsuragi, Y., Yamauchi, K. & Kurihara, K. 2000. Amino acids dissolved in stream water as possible home stream odorants for masu salmon. *Chemical Senses*, 25: 553-540.

鈴木範男．2008．初歩からの生物学．三共出版，東京都．182pp.

高橋史久．2009．これまでの耳石温度標識魚から得られた知見．*SALMON* 情報，3: 6-7.

高宮考悟．2011．学習・記憶におけるシナプス可塑性の分子機構．生化学，83: 1016-1026.

Tanaka, H., Naito, Y., Davis, N.D., Urawa, S., Ueda, H. & Fukuwaka, M. 2005. Behavioral thermoregulation of chum salmon during homing migration in coastal waters. *Marine Ecology Progress Series*, 291: 307-312.

Thomas, J.D. 1997. The role of dissolved organic matter, particularly free amino acids and humic substances, in freshwater ecosystems. *Freshwater Biology*, 38: 1-36.

塚本勝巳．2012．ウナギ大回遊の謎？ PHP サイエンス・ワールド新書．PHP 研究所，東京都．238pp.

Ueda H. 2011. Physiological mechanism of homing migration in Pacific salmon from behavioral to molecular biological approaches. *General and Comparative Endocrinology*, 170: 222-232.

上田　宏．2015．In: 三陸のサケ：復興のシンボル（上田　宏編著）．北海道大学出版会，札幌市．192pp.

Ueda, H., Hiroi, O., Hara, A., Yamauchi, K. & Nagahama, Y. 1984. Changes in serum concentrations of steroid hormones, thyroxine, and vitellogenin during spawning migration of the chum salmon, *Oncorhynchus keta*. *General and Comparative Endocrinology*, 53: 203-211.

Ueda, H., Kaeriyama, M., Mukasa, K., Urano, A., Kudo, H., Shoji, T., Tokumitsu, Y., Yamauchi, K. & Kurihara K. 1998. Lacustrine sockeye salmon return straight to their natal area from open water using both visual and olfactory cues. *Chemical Senses*, 23: 207-212.

Ueda, H., Leonard, J.B.K. & Naito, Y. 2000. Physiological biotelemetry research on the homing migration of salmonid fishes. In: Moore, A. & Russell, I. (eds), Advances in Fish Telemetry, pp. 89-97, Crown copyright. Lowestoft, UK.

Ueda, H., Nakamura, S., Nakamura, T., Inada, K., Okubo, T., Furukawa, N., Murakami, R., Tsuchida, S., Zohar, Y., Konno, K. & Watanabe, M. 2016. Involvement of hormones in olfactory imprinting and homing in chum salmon. *Scientific Rapports*, 6: 21102.

Ueda, K. 1985. An electrophysiological approach to the olfactory recognition of homestream waters in chum salmon. *NOAA Technical Report NMFS*, 27: 97-102.

Walker, M.M., Diebel, C.E., Haugh, C.V., Pankhurst, P.M., Montgomery, J.C. & Green, C.R. 1997. Structure and function of the vertebrate magnetic sense. *Nature*, 390: 371-376.

Wisby, W.J. & Hasler, A.D. 1954. The effect of olfactory occlusion on migrating silver salmon (*O. kisutch*). *Journal of Fisheries Research Board of Canada*, 11: 472-478.

Yamaguchi, S., Aoki, N., Kitajima, T., Iikubo, E., Katagiri, S., Matsushima, T. & Homma, K.J. 2012. Thyroid hormone determined the start of the sensitive period of imprinting and primes later learning. *Nature Communications*, 3: 108.

Yamamoto, K. & Yamauchi, K. 1974. Sexual maturation of Japanese eel and production of eel larvae in the aquarium. *Nature*, 251: 220-222.

Yamamoto, Y., Ishizawa, S. & Ueda, H. 2008. Effects of amino acid mixtures on upstream selective movement of four Pacific salmon. *Cybium* (*Revue Internationale d'Ichtyologie*), 32: 57-58.

Yamamoto, Y. & Ueda, H. 2009. Behavioral responses by migratory chum salmon to amino acids in natal stream water. *Zoological Science*, 26: 778-782.

Yamamoto, Y., Hino, H. & Ueda, H. 2010. Olfactory imprinting of amino acids in lacustrine sockeye salmon. *PLoS ONE*, 5: e8633.

Yamamoto, Y., Shibata, H. & Ueda, H. 2013. Olfactory homing of chum salmon to stable compositions of amino acids in natal stream water. *Zoological*

Science, 30: 607-612.

Yamauchi, K., Ban, M., Kasahara, N., Izumi, T., Kojima, H. & Harako, T. 1985. Physiological and behavioral changes occurring during smoltification in the masu salmon, *Oncorhynchus masou*. *Aquaculture*, 45: 227-235.

Yano, A., Ogura, M., Sato, A., Sakaki, Y., Ban, M. & Nagasawa, K. 1996. Development of ultrasonic telemetry technique for investigating the magnetic sense of salmonids. *Fisheries Science*, 62: 698-704.

Yano, K. & Nakamura, A. 1992. Observations of the effect of visual and olfactory ablation on the swimming behavior of migrating adult chum salmon, *Oncorhynchus keta*. *Japanese Journal of Ichthyology*, 39: 67-83.

Yu, J.N., Ham, S.H., Lee, S.I., Jin, H.J., Ueda, H. & Jin, D.H. 2014. Cloning and characterization of the N-methyl-D-aspartate receptor subunit NR1 gene from chum salmon, *Oncorhynchus keta* (Walbaum, 1792). *Springer Plus*, 3: 9.

索引

か

き

く

す

せ

そ

著者紹介

上田　宏（うえだ　ひろし）
1951年　札幌市生まれ
北海道大学大学院水産学研究科博士課程単位取得退学
日本学術振興会奨励研究員，産業医科大学助手・講師，米国 NIH 奨励研究員，北海道大学水産学部附属洞爺湖臨湖実験所助教授，北海道大学北方生物圏フィールド科学センター・大学院環境科学院教授・特任教授・名誉教授
平成16年度日本水産学会賞進歩賞
2010年度秋山財団賞
専門：魚類生理学
著書：三陸のサケ—復興のシンボル（編著，北海道大学出版会），Physiology and Ecology of Fish Migration（CRC Press）

サケの記憶—生まれた川に帰る不思議

2016年12月５日　第１版第１刷発行

著　者　上田　宏
発行者　橋本敏明
発行所　東海大学出版部
〒259-1292 神奈川県平塚市北金目4-1-1
TEL 0463-58-7811　FAX 0463-58-7833
URL http://www.press.tokai.ac.jp/
振替　00100-5-46614
印刷所　港北出版印刷株式会社
製本所　誠製本株式会社

ISBN978-4-486-02115-5